• The Theory of the Gene •

　　摩尔根的染色体理论代表着人类想象力的一大飞跃，他是可与伽利略和牛顿媲美的人物。

——沃丁顿

（英国著名实验胚胎学家、遗传学家）

　　摩尔根的发现……像雷鸣一般震惊了学术界，比之孟德尔的发现毫不逊色，它迎来了滋润我们整个现代遗传学的霖雨。

——缪勒

（1946年诺贝尔生理学或医学奖获得者）

科学元典丛书·学生版

The Series of the Great Classics in Science

主　　编	任定成
执行主编	周雁翎
策　　划	周雁翎
丛书主持	陈　静　张亚如

　　科学元典是科学史和人类文明史上划时代的丰碑，是人类文化的优秀遗产，是历经时间考验的不朽之作。它们不仅是伟大的科学创造的结晶，而且是科学精神、科学思想和科学方法的载体，具有永恒的意义和价值。

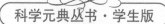

基 因 论

·学生版·

（附阅读指导、数字课程、思考题、阅读笔记）

〔美〕摩尔根 著　卢惠霖 译

北京大学出版社
PEKING UNIVERSITY PRESS

图书在版编目（CIP）数据

基因论：学生版/（美）摩尔根著；卢惠霖译.—北京： 北京
大学出版社，2021.4
（科学元典丛书）
ISBN 978-7-301-31954-3

Ⅰ.①基…　Ⅱ.①摩…②卢…　Ⅲ.①基因—理论—青少年读物
Ⅳ.①Q343.1-49

中国版本图书馆 CIP 数据核字（2021）第 005129 号

书　　　名	基因论（学生版）	
	JIYINLUN（XUESHENG BAN）	
著作责任者	［美］摩尔根 著　卢惠霖 译	
丛 书 主 持	陈　静　张亚如	
责 任 编 辑	陈　静	
标 准 书 号	ISBN 978-7-301-31954-3	
出 版 发 行	北京大学出版社	
地　　　址	北京市海淀区成府路 205 号　100871	
网　　　址	http://www.pup.cn　新浪微博：@北京大学出版社	
微信公众号	科学元典（微信公众号：kexueyuandian）	
电 子 信 箱	zyl@pup.pku.edu.cn	
电　　　话	邮购部 010-62752015　发行部 010-62750672	
	编辑部 010-62707542	
印 刷 者	北京中科印刷有限公司	
经 销 者	新华书店	
	787 毫米×1092 毫米　32 开本　7.25 印张　100 千字	
	2021 年 4 月第 1 版　2021 年 4 月第 1 次印刷	
定　　　价	38.00 元	

弁　言

Preface to the Series of the Great Classics in Science

任定成

中国科学院大学　教授

一

改革开放以来,我国人民生活质量的提高和生活方式的变化,使我们深切感受到技术进步的广泛和迅速。在这种强烈感受背后,是科技产出指标的快速增长。数据显示,我国的技术进步幅度、制造业体系的完整程度,专利数、论文数、论文被引次数,等等,都已经排在世界前列。但是,在一些核心关键技术的研发和战略性产品的生产方面，我国还比较落后。这说明，我国的技术进步赖以依靠的基础研究，亟待加强。为此，我国政府和科技界、教育界以及企业界，都在不断大声疾呼，要加强基础研究、加强基础教育！

那么，科学与技术是什么样的关系呢？不言而喻，科学是根，技术是叶。只有根深，才能叶茂。科学的目标是发现新现象、新物质、新规律和新原理，深化人类对世界的认识，为新技术的出现提供依据。技术的目标是利用科学原理，创造自然界原本没有的东西，直接为人类生产和生活服务。由此，科学和技术的分工就引出一个问题：如果我们充分利用他国的科学成果，把自己的精力都放在技术发明和创新上，岂不是更加省力？答案是否定的。这条路之所以行不通，就是因为现代技术特别是高新技术，都建立在最新的科学研究成果基础之上。试想一下，如果没有训练有素的量子力学基础研究队伍，哪里会有量子技术的突破呢？

那么，科学发现和技术发明，跟大学生、中学生和小学生又有什么关系呢？大有关系！在我们的教育体系中，技术教育主要包括工科、农科、医科，基础科学教育主要是指理科。如果我们将来从事科学研究,毫无疑问现在就要打好理科基础。如果我们将来是以工、农、医为业,现在打好理科基础,将来就更具创新能力、发展潜力和职业竞争力。如果我们将来做管理、服务、文学艺术等看似与科学技术无直接关系的工作,现在打好理科基础,就会有助于深入理解这个快速变化、高度技术化的社会。

我们现在要建设世界科技强国。科技强国"强"在哪里?不是"强"在跟随别人开辟的方向,或者在别人奠定的基础上,做一些模仿性的和延伸性的工作,并以此跟别人比指标、拼数量,而是要源源不断地贡献出影响人类文明进程的原创性成果。这是用任何现行的指标,包括诺贝尔奖项,都无法衡量的,需要培养一代又一代具有良好科学素养的公民来实现。

二

我国的高等教育已经进入普及化阶段,教育部门又在扩大专业硕士研究生的招生数量。按照这个趋势,对于高中和本科院校来说，大学生和硕士研究生的录取率将不再是显示办学水平的指标。可以预期，在不久的将来，大学、中学和小学的教育将进入内涵发展阶段，科学教育将更加重视提升国民素质，促进社会文明程度的提高。

公民的科学素养，是一个国家或者地区的公民，依据基本的科学原理和科学思想，进行理性思考并处理问题的能力。这种能力反映在公民的思维方式和行为方式上，而不是通过统计几十道测试题的答对率，或者统计全国统考成绩能够表征的。一些人可能在科学素养测评卷上答对全部问题，但经常求助装神弄鬼的"大师"和各种迷信，能说他们的科学素养高吗？

曾经，我们引进美国测评框架调查我国公民科学素养，推动"奥数"提高数学思维能力，参加"国际学生评估项目"（Programme for International Student Assessment，简称 PISA）测试，去争取科学素养排行榜的前列，这些做法在某些方面和某些局部的确起过积极作用，但是没有迹象表明，它们对提高全民科学素养发挥了大作用。题海战术，曾经是许多学校、教师和学生的制胜法宝,但是这个战术只适用于衡量封闭式考试效果,很难说是提升公民科学素养的有效手段。

为了改进我们的基础科学教育,破除题海战术的魔咒,我们也积极努力引进外国的教育思想、教学内容和教学方法。为了激励学生的好奇心和学习主动性,初等教育中加强了趣味性和游戏手段,但受到"用游戏和手工代替科学"的诟病。在中小学普遍推广的所谓"探究式教学",其科学观基础,是 20 世纪五六十年代流行的波普尔证伪主义,它把科学探究当成了一套固定的模式,实际上以另一种方式妨碍了探究精神的培养。近些年比较热闹的 STEAM 教学,希望把科学、技术、工程、艺术、数学融为一体,其愿望固然很美好,但科学课程并不是什么内容都可以糅到一起的。

在学习了很多、见识了很多、尝试了很多丰富多彩、眼花缭乱的"新事物"之后,我们还是应当保持定力,重新认识并倚重我们优良的教育传统:引导学生多读书,好读书,读好书,包括科学之书。这是一种基本的、行之有效的、永不过时的教育方式。在当今互联网时代,面对推送给我们的太多碎片化、娱乐性、不严谨、无深度的瞬时知识，我们尤其要静下心来，系统阅读，深入思考。我们相信，通过持之以恒的熟读与精思，一定能让读书人不读书的现象从年轻一代中消失。

三

科学书籍主要有三种：理科教科书、科普作品和科学经典著作。

教育中最重要的书籍就是教科书。有的人一辈子对科学的了解，都超不过中小学教材中的东西。有的人虽然没有认真读过理科教材，只是靠听课和写作业完成理科学习，但是这些课的内容是老师对教材的解读，作业是训练学生把握教材内容的最有效手段。好的学生，要学会自己阅读钻研教材，举一反三来提高科学素养，而不是靠又苦又累的题海战术来学习理科课程。

理科教科书是浓缩结晶状态的科学，呈现的是科学的结果，隐去了科学发现的过程、科学发展中的颠覆性变化、科学大师活生生的思想，给人枯燥乏味的感觉。能够弥补理科教科书欠缺的，首先就是科普作品。

　　学生可以根据兴趣自主选择科普作品。科普作品要赢得读者,内容上靠的是有别于教材的新材料、新知识、新故事;形式上靠的是趣味性和可读性。很少听说某种理科教科书给人留下特别深刻的印象,倒是一些优秀的科普作品往往影响人的一生。不少科学家、工程技术人员,甚至有些人文社会科学学者和政府官员,都有过这样的经历。

　　当然,为了通俗易懂,有些科普作品的表述不够严谨。在讲述科学史故事的时候,科普作品的作者可能会按照当代科学的呈现形式,比附甚至代替不同文化中的认识,比如把中国古代算学中算法形式的勾股关系,说成是古希腊和现代数学中公理化形式的"勾股定理"。除此之外,科学史故事有时候会带着作者的意识形态倾向,受到作者的政治、民族、派别利益等方面的影响,以扭曲的形式出现。

　　科普作品最大的局限,与教科书一样,其内容都是被作者咀嚼过的精神食品,就失去了科学原本的味道。

　　原汁原味的科学都蕴含在科学经典著作中。科学经典著作是对某个领域成果的系统阐述,其中,经过长时间历史检验,被公认为是科学领域的奠基之作、划时代里程碑、为人类文明做出巨大贡献者,被称为科学元典。科学元典是最重要的科学经典,是人类历史上最杰出的科学家撰写的,反映其独一无二的科学成就、科学思想和科学方法的作品,值得后人一代接一代反复品味、常读常新。

科学元典不像科普作品那样通俗,不像教材那样直截了当,但是,只要我们理解了作者的时代背景,熟悉了作者的话语体系和语境,就能领会其中的精髓。历史上一些重要科学家、政治家、企业家、人文社会学家,都有通过研读科学元典而从中受益者。在当今科技发展日新月异的时代,孩子们更需要这种科学文明的乳汁来滋养。

现在,呈现在大家眼前的这套"科学元典丛书",是专为青少年学生打造的融媒体丛书。每种书都选取了原著中的精华篇章,增加了名家阅读指导,书后还附有延伸阅读书目、思考题和阅读笔记。特别值得一提的是,用手机扫描书中的二维码,还可以收听相关音频课程。这套丛书为学习繁忙的青少年学生顺利阅读和理解科学元典,提供了很好的入门途径。

四

据 2020 年 11 月 7 日出版的医学刊物《柳叶刀》第
396 卷第 10261 期报道,过去 35 年里,19 岁中国人平均
身高男性增加 8 厘米、女性增加 6 厘米,增幅在 200 个
国家和地区中分别位列第一和第三。这与中国人近 35
年营养状况大大改善不无关系。

一位中国企业家说,让穷孩子每天能吃上二两肉,
也许比修些大房子强。他的意思,是在强调为孩子提供
好的物质营养来提升身体素养的重要性。其实,选择教
育内容也是一样的道理,给孩子提供高营养价值的精神
食粮,对提升孩子的综合素养特别是科学素养十分
重要。

理科教材就如谷物,主要为我们的科学素养提供足
够的糖类。科普作品好比蔬菜、水果和坚果,主要为我
们的科学素养提供维生素、微量元素和矿物质。科学元
典则是科学素养中的"肉类",主要为我们的科学素养提

供蛋白质和脂肪。只有营养均衡的身体,才是健康的身体。因此,理科教材、科普作品和科学元典,三者缺一不可。

长期以来,我国的大学、中学和小学理科教育,不缺"谷物"和"蔬菜瓜果",缺的是富含脂肪和蛋白质的"肉类"。现在,到了需要补充"脂肪和蛋白质"的时候了。让我们引导青少年摒弃浮躁,潜下心来,从容地阅读和思考,将科学元典中蕴含的科学知识、科学思想、科学方法和科学精神融会贯通,养成科学的思维习惯和行为方式,从根本上提高科学素养。

我们坚信,改进我们的基础科学教育,引导学生熟读精思三类科学书籍,一定有助于培养科技强国的一代新人。

2020 年 11 月 30 日

北京玉泉路

目　　录

下篇　学习资源

上　篇

阅读指导

Guide Readings

李思孟

华中科技大学　教授

摩尔根的青少年时代

摩尔根的学术贡献

《基因论》问世和摩尔根遗传学派的建立

从经典遗传学到分子遗传学

对摩尔根遗传学派的"批判"

摩尔根的青少年时代

时间:1866年9月25日;

地点:美国,肯塔基州,列克星敦城。

摩尔根家族中又添了一个小生命,他就是托马斯·亨特·摩尔根(T. H. Morgan,1866—1945),后来的著名生物学家、遗传学界泰斗、诺贝尔奖获得者。他出生时的那座房子名曰霍普蒙特,至今仍被精心保存着,成为摩尔根纪念馆,位于列克星敦第二大街与米尔街相交处。

为现代遗传学奠基的孟德尔定律,是1865年在布隆自然科学会的会议上报告的,1866年在《布隆自然科学会报》上发表,与摩尔根出生的年份巧合。当然不能因此说这是摩尔根将成为伟大遗传学家的预兆,但孟德尔学说总是为他以后走上这条道路奠定了基础。摩尔根晚年时，有一次与朋友谈及他的出生，幽默地说他是1866 年出生，但是他的生命——从受精卵开始的生命是从 1865 年开始的。

醉心于大自然

摩尔根从少年时代就热爱大自然，似乎他生来就是一个博物学家。

他很喜欢约上自己的小伙伴，带着捕蝴蝶的网子到列克星敦郊外去，捕蝴蝶、捉虫子、捣鸟窝，玩得开心极了。可是摩尔根又不同于贪玩的淘气孩子，他常常专心投入"研究"中去。他可能会长时间地盯着虫子观察，看它如何活动，如何进食。如果发现了一只他不曾见过的种类的蝴蝶，就会千方百计地把它捉到手。

每年夏天，摩尔根总要随着父母到马里兰州外祖父家住一段时间。外祖父家在山间有座别墅，那里花鸟虫鱼种类繁多，还可时常发现令摩尔根很感兴趣的化石和色彩斑斓的小石头。和表兄弟一起到别墅去，一起到附近的山中游玩，那是摩尔根的一大乐事。

到 10 岁时,摩尔根采集的"标本"已经相当多了。无处存放,怎么办呢？他向父母请求,能否将他家房子顶上的小阁楼作为他的"标本室"。在得到允许之后,他自己动手刷油漆、糊墙纸,把小小的阁楼精心美化了一番。这个阁楼从此成了摩尔根的"领地",家里的人谁也不去动里面的东西。这个小小的标本室里有化石、昆虫、剥制了的鸟,以及一些树叶、花草标本等。

摩尔根从小就有的这种博物学爱好,一直保持终生。1909 年,摩尔根担任了美国博物学会会长。他对胚胎学和进化论一直有浓厚兴趣。

摩尔根还有一些习惯与作风,也是从小就养成的。与其说是养成的,不如说是天生的,因为没有人培养他这样做。他不修边幅,不讲究衣着。他从不曾要求父母给他添置新衣服,也不会因为衣服脏了破了而感到难堪。

唯一获得理学学士学位的毕业生

1880 年,刚过了 14 岁生日,摩尔根便进入设在列克星敦的肯塔基州立学院的预科学习。肯塔基州高等教育的发展那时还处于初级阶段，高等学校正不断进行分化和改组，这个州立学院是两年前才从原肯塔基大学分离出来的。列克星敦市把过去用作商品交易市场的土地捐献出来，作为新大学的建设用地。由于楼房尚未建起，学院的两百多名学生和十几名教职员挤在租借来的民房中。

学院的两百多名学生全是男生。那时的美国高校一般都不接收女生，男女同校被认为有伤风化。女孩子因此很难得到受高等教育的机会，那时的父母一般也并不太希望女孩子受高等教育。

学院对学生的管理其实是很严格的，全部学生都是按陆军士官预备生的要求，周一至周五，每天进行一小时的军训。学生都穿制服，那是每人花 20 美元订做的，而一个学生每学期的学费才 15 美元。每天早晨 5 点半，起床号把学生们都喊起来。晚上 10 点吹熄灯号，一天的活动才告结束。上课、下课、去食堂吃饭、做礼拜，各种活动听从军号声指挥。学校的校规有近 200 条，事无巨细都有规定，学生不得越雷池半步。学校还规定，教职员有提出新规则的权利。一些男孩子不爱受约束，因违反校规而受处罚者大有人在。学校规定学生不准带猎枪和猎刀进学校，带课外书籍和报纸进学校也需经特别批准，可是一些学生想方设法偷带进来。摩尔根也曾几次被记过，大都是因为迟到或扰乱学习秩序。

摩尔根后来回忆他在肯塔基州立学院的学习和生活时，承认这个学校那时的条件非常简陋，但他同时又说：这个学校的教师是很优秀的，使他受到了良好的教育，为他以后的成长打下了坚实的基础。

在预科学习两年之后转入本科，摩尔根才算真正进了大学。按照肯塔基州立学院的规定，除学习商业和教育者外，其他学生可在古典学科与自然科学两大门类中任择其一，类似于分成文科与理科。摩尔根选择了自然科学，学习的主要课程是近代科学技术，有数学、物理、天文、化学、博物学、农学、园艺、兽医、应用工程学等，也要学习历史学、心理学、政治经济学等文科课程，此外还要学习拉丁语，并在法语与德语中任选一门。肯塔基州是农业州，农学类课程偏多是肯塔基州立学院的一个特点。

一直贯穿大学四年的博物学课程,是摩尔根学习兴趣最高的课程。传统的博物学课程,其内容包括生物学和矿物学,还有地理学知识。这些内容,是摩尔根自小就很感兴趣的。教博物学的克兰德尔教授,以前曾从事过区域资源调查,博物学造诣很深。他一面讲授肯塔基州立学院的博物学及其他一些课程,一面在准备自己的博士学位论文。摩尔根对克兰德尔教授的学问和人品都极为赞赏,他说他从来没有遇到过比克兰德尔更好的老师。

受克兰德尔教授的影响,摩尔根有两个暑假自愿参加了政府组织的地质调查工作,在肯塔基州的山区寻找矿产资源,主要是煤炭。在野外搞地质调查时又热又脏又累,回到住处以后就是对采集来的标样进行化学分析。经过这些实践之后,摩尔根认定自己不是搞地质工作的料。这并非是因为怕苦,而是摩尔根对化学分析工作感到单调乏味,不像活生生的生物那样能引起他的兴趣。

在肯塔基州立学院,对摩尔根影响较大的另一位教授是彼得博士。他博学多才,不但是医生、历史学家、植物学家,还是矿物学家,曾任某大学的医学系主任,还是肯塔基州第一次地质调查的领导者,俄亥俄河谷地区科学考察的先驱。摩尔根的动物学、植物学、化学、兽医学等课程,除了克兰德尔教的以外,都是由彼得博士教的,学生们说他是"万能博士"。可惜他年纪大了,视力和听力都已衰退,给不守纪律的学生以可乘之机,他的课堂上经常乱哄哄的。摩尔根虽然不是一贯遵守纪律的学生,但在彼得博士的课堂上从不捣乱,他佩服彼得博士的学问。

摩尔根于1886年从肯塔基州立学院毕业,以优异成绩获得理学学士学位,他是那一年该学院唯一获得理学学士学位的人。教授投票决定摩尔根作为毕业生代表,在毕业典礼上代表毕业生向学校致告别辞,这是一个很大的荣誉。

肯塔基州立学院,后来改称肯塔基大学。

在霍普金斯大学接受严格的学术训练

1886年秋,摩尔根进入霍普金斯大学生物系做研究生。

摩尔根说,他是因为不知道干什么好才去做研究生的。大学毕业了,同学中有的进入了教育界,有的进入了商界,也有的人去办农场、去地质队,但是,摩尔根对这些工作兴趣都不大。那么,一个理学学士走出学校之后究竟能干什么呢?摩尔根不知道。

肯塔基州立学院的校友约瑟夫·卡斯尔两年前进入霍普金斯大学化学系做研究生,与他的接触使摩尔根对霍普金斯大学很有好感,也产生了做研究生的兴趣。不过摩尔根可不喜欢做化学实验,他喜欢生物学。

摩尔根当时实际上也没有清楚地认识到霍普金斯大学的强劲发展势头,更不会想到他选择的道路会通向诺贝尔奖的领奖台,使他成为世界著名的生物学家。是缘分也好,是运气也好,那都无关紧要,总之,摩尔根的路子走对了,学校选对了。霍普金斯大学很快就在美国和世界闻名了,其生物系尤其闻名。至今,已有一批诺贝尔生理学或医学奖获得者是出于霍普金斯大学。

1886年夏,在等待霍普金斯大学秋季开学的时间空档,摩尔根前往马萨诸塞州安尼斯克姆由波士顿博物学会主办的海洋生物站学习,以增强自己的生物学基础。

这是他第一次研究海洋生物,从此他毕生都保持了对海洋生物的兴趣。学费每周一美元,教学方法是个别辅导,学生在教师的指导下采集、观察和研究海洋生物,结合实践学习一些海洋生物知识。摩尔根觉得这段时间学习收获很大,他给父母写信说他庆幸选择了生物学而不是地质调查。

进入霍普金斯大学以后,摩尔根对它的了解逐渐深入了,越来越喜欢它了。

霍普金斯大学是靠约翰斯·霍普金斯遗赠的资金创办的,全称是约翰斯-霍普金斯大学。它创办于1876年,适值美国建国100周年。由于它的办学资金来源于私人捐赠,所以它不对政府或任何宗教团体承担义务。在办学思想、系科与课程设置上,学校享有自主权。摩尔根本科阶段就读的肯塔基州立学院,是依靠州政府办起来的。在理科的课程设置上,明显偏重于农学和地质学,这是应州政府的要求,因为州政府当时非常重视农业和采矿业。

霍普金斯大学的校训是"真理给人自由"。它的校董事会成员虽然大多是虔诚的教徒,但对发展科学是非常开明的,它聘请的首任校长吉尔曼是一个富有魄力和创见的人。

从创建之日起,霍普金斯大学就走上了正确的发展之路。重视研究生教育,是霍普金斯大学不同于当时其他大学的一个显著特点。它的研究生教育经费充足,享受奖学金的名额多,每人的奖学金数额也较大,吸引来了众多的优秀大学毕业生,为培养出高水平人才打下了良好的基础。

重视生物学也是霍普金斯大学办学的一大特点。当时除哈佛大学等极少院校外,生物学教育普遍不受重视,一般大学都没有设立生物学系。如果开设生物学课程,大都如肯塔基州立学院那样,是为农学或医学服务,重实用而不重视基础。按照霍普金斯的遗嘱,该大学应设立医学院,生物系的设立是为办医学院服务的。但是当生物系办起来之后,在有远见的校长和生物系教授的引导之下,生物系完全走上了发展生物学基础研究之路。至于这些课程和研究工作能给医学提供什么直接的帮助,他们很少考虑。

霍普金斯大学建校伊始,就引发了一场生物进化论与神创论的大争论,导火线是他们请来了赫胥黎(T. H. Huxley, 1825—1895)在学校成立大典上发表演说,这引起了神创论者一片抗议之声。赫胥黎是有名的进化论者,达尔文的朋友,自称是"达尔文的斗犬",他与威尔伯福斯(S. Wilberforce, 1805—1873)主教 1860 年 6 月在牛津大不列颠学会会议上就进化论问题进行的大辩论闻名于世界。神创论视赫胥黎为魔鬼,认为他尽是宣传唯物主义的东西,与基督教教义不合的东西,真是可恶至极。一位神父说,"(霍普金斯大学)请赫胥黎出席成立大典是大错特错,向上帝祈祷,请上帝保佑岂不更好!如果又是向上帝祈祷,又是请赫胥黎演讲,那是荒谬绝伦、不合逻辑的"。

当摩尔根进入霍普金斯大学时,这所大学成立已经10 年,进化论与神创论之争已经过去。校长和董事会顶住了宗教界的压力,在学校讲授进化论有完全的自由,有的教师和学生还在社会上宣传进化论。当时巴尔的摩的上流社会在交际活动中常常邀请霍普金斯大学的师生参加,以示高雅,这已成为一种时髦。

邀请赫胥黎出席成立大典虽然给霍普金斯大学带

来一些麻烦,但也使它比其他一些大学早许多年摆脱了宗教的束缚,给科学争得了自由,这是至关重要的。

1925 年,美国田纳西州一所中学教师还因为讲授进化论被法院判定有罪;1932 年,肯塔基州议会只差一票险些通过了禁止在公立学校讲授进化论的议案;直到近年,还不断有人说讲授进化论妨碍了学生的信仰自由。联想到这些,就更能体会到霍普金斯大学在建校之初就争来的学术自由是多么珍贵。

在霍普金斯大学,摩尔根不仅感受到了自由的学术氛围,还遇到了高水平的教授,他很快走到了生物科学的前沿,进入生物学界的圈子。他所学的课程,主要是动物生理学和动物形态学。

教生理学的是系主任马丁,他是英国人,剑桥大学博士,赫胥黎和生理学家福斯特(Michael Foster,1836—1907)的学生;他与赫胥黎合著的一部普通生物学教科书,被很多学校采用。他有一句名言:"生理学是生物学的皇后,而形态学是它的仆人。"

教形态学的是布鲁克斯(W. K. Brooks,1848—1908),他身材矮胖,不修边幅,爱嚼烟草,后来他成为摩

尔根博士论文的导师。布鲁克斯是哈佛大学博士,著名
动物学家阿加西斯(J. L. R. Agassiz,1807—1873)的学
生,阿加西斯筹建海洋生物实验室时的重要助手。

　　曾教过摩尔根课的其他几位教师也很有学问。当
时美国生物学家为数不多,霍普金斯大学花大力气才聘
请到这些人才。霍普金斯大学还经常聘请世界生物学
界名流来校短期讲学或作报告,使学生可以了解世界生
物学最新发展动态。

"一切都要经过实验!"

　　霍普金斯大学生物系的教授尽管对一些生物学问
题有不同意见,但是对于如何办好生物系却有共识。他
们都认为美国的生物学水平还相当落后,必须尽快提高
美国生物学在世界生物学界的地位,必经途径就是大力
发展实验生物学。强调实验对科学发展的重要意义,重
视培养学生的实验技能,是霍普金斯大学生物系的一大
特点。

　　强调实验对科学发展的重要意义,说起来已不新

鲜。罗吉尔·培根(Roger Bacon)早在 13 世纪时就曾强调指出，只有实验才能扩大科学事实，它是科学发展的基础。后来又有弗朗西斯·培根(Francis Bacon, 1561—1626)大力提倡实验方法，并在此基础上提出了他的科学归纳法。到 19 世纪，近代物理学和化学都已在实验的基础上建立起来。就生物学来说，以哈维(William Harvey, 1578—1657)为代表的一些生物学家，通过科学实验发现了血液循环，科学实验在生物学中开始发挥重要作用。

19 世纪，科学实验在生理学、微生物学、细胞学等领域应用已比较广泛。然而就整个生物学领域来说，科学实验发挥的作用远不如物理学和化学领域。在动物学和植物学领域，观察与描述仍是主要研究方法。就美国生物学界来说，研究水平比欧洲更为落后。在摩尔根读大学的那个时代，美国生物学家主要仍是沿用林奈(Carl Linnaeus, 1707—1778)的研究方法：观察描述各种生物的形态结构，确定它们的分类地位。霍普金斯大学生物系主任马丁激烈抨击这种研究方法，他大声疾呼开展科学实验，他说："在死去的生物体中是观察不到生命过程的。"

整个霍普金斯大学,也是非常强调实验对科学发展的重要意义,强调加强学生实验技能的训练的。在这种校风的影响下,历史学教授甚至把他们组织的课堂讨论也称作"实验课"。

在重视实验的思想指导下,霍普金斯大学生物系的课程安排得很有特色,与其他学校迥然不同。课程几乎全是在实验室上,学生每天都是在实验室中度过,纯粹讲授的课程实际上被取消了。教授指定必读书目,研究生从图书馆借来自学,有疑问之处请教老师或互相讨论,这是研究生学习基础理论的基本方式。高年级的研究生在导师的指导下进行实验研究,低年级则主要是进行实验练习,以熟悉和掌握基本的实验操作和各种仪器的使用方法。即使是低年级研究生的实验练习,实际上也具有研究性质。指定他们进行的实验课题,多是别人最近发表的研究成果。老师要求他们进行重复实验,以证实它或否定它。学生因此提高了实验技能,也熟悉了生物学界的研究动态。

为了教学和研究的需要,霍普金斯大学生物系除在校区内建立有实验室外,还在切萨皮克海湾设立了海洋生物实验室。该实验室下设两个实验站，一个在北卡罗来纳州的比尤堡，一个在巴哈马群岛。生物系还办了自己的刊物——《霍普金斯大学生物学实验室研究报告》。

在霍普金斯大学生物系的学习，使摩尔根逐渐形成了极为推崇科学实验的基本观点。在他1907年出版的《实验动物学》一书中，对这一观点做了概括性的表述，他说："实验方法的重要意义在于，任何一种想法或假说，必须经过实验的检验，才能在科学上得到立足之地。""就实验科学来说，要求我们努力探讨某一事件的发生条件，而且如果有可能的话，要控制这种条件，使得其结果可以重复出现。事实上，控制自然现象乃是实验研究的目的所在。"

对这种观点，摩尔根一生信守不渝。他是否相信某种学说，取决于这种学说是否与实验事实相符。他的学术著作，都是在实验事实的基础上讨论问题，他厌恶没有事实基础的纯粹思辨。他的许多学术著作都冠以"实验"的定语，如1897年出版的《蛙卵的发育：实验胚胎学引论》，1907年出版的《实验动物学》，1927年出版的《实验胚胎学》。当他获得诺贝尔奖时，他说这是"实验生物学的光荣"。

科学实验对科学发展有重大意义,但是真正有价值的科学实验成果必须通过严肃认真的工作才能获得。科学实验是极为复杂的劳动,来不得半点马虎和侥幸,也不能指望有了先进的实验设备一切问题就会迎刃而解。这种思想和工作作风,摩尔根也是在霍普金斯大学养成的,并且影响了他一生。系主任马丁常常告诫学生,不要"一心想着马上就要做很复杂的实验",不要"以为实验室中的设备是自动化的生理学'灌肠机':从这头塞一只动物进去,扳手一拉,另一头就出来了重要科学发现"。

霍普金斯大学生物系的学生,必须从最基础的实验做起。当老师相信你已不是一个毛手毛脚的小伙子,已经成为一个严肃认真的科学工作者时,才会给你布置研究课题,放手让你自己确定研究方法和实验手段,然后给以指导和评价。

既然恪守"一切都要经过实验"的信条,就会非常合乎逻辑地引出另一个重要认识:不能盲目相信任何学说、观点和想法,不管它是权威人士的、自己老师的,或者是自己的。如果它没有得到实验事实充分证明,就应当怀疑它;如果它与实验事实不符,就应当坚决抛弃它。在霍普金斯大学接受的这种教育,也影响了摩尔根的一生。

摩尔根长时间对达尔文的自然选择学说抱怀疑态度,后来根据遗传学的研究成果,对达尔文的理论做出了重要修正;摩尔根也曾怀疑孟德尔学说,但是后来又改变了态度。他的这些观点的产生和变化过程,与他在霍普金斯大学受的教育有明显关系。在他的学术生涯中,他一直坚持一切科学理论都应以实验为基础,一切科学理论都应接受实验事实的检验,不盲从权威和他人,也敢于修正自己的错误。这些思想,都是他在霍普金斯大学学习期间形成的。

在霍普金斯大学,摩尔根学习成绩优秀。他精力充沛,干劲十足。老师的教学方法,他感到很对口味,第一学年,他的生物学课成绩是全班之冠。第二学年结束时,他已经完成了生物学研究者的入门过程,具备了从事生物学研究的基本素质和基本技能。他在本系设在切萨皮克海湾的海洋生物实验室中从事了实验研究,还参加了对巴哈马群岛的科学考察。

此后，他陆续发表了几篇学术论文。虽然这些论文基本上是描述性的，水平也不太高，但是可以表明，摩尔根已经有能力从事生物学研究了。

做教授，还是做博士生？这是一个问题

1888 年，摩尔根在霍普金斯大学学习两年之后，母校肯塔基州立学院授予他理学硕士学位。那时肯塔基州立学院还不具备独立培养研究生的能力，它的学生进入其他条件较好的大学读了两年研究生之后，再由教授会议根据其学习成绩，决定是否授予其硕士学位。一般来说，学生本人要出席学位授予仪式，但摩尔根是在本人缺席的情况下被授予硕士学位的，他正在忙他的研究工作，抽不出时间回肯塔基州立学院。

因为工作忙而不出席授予他硕士学位的仪式，摩尔根的做法似乎有些不合常情。不过，比起 1933 年他以工作忙为由而不出席授予他诺贝尔奖的仪式、1936 年他以同样理由拒绝出席故乡肯塔基州为他 70 岁寿辰举行

的庆祝活动,这又算得了什么呢?

肯塔基州立学院不仅授予了摩尔根理学硕士学位,而且教授会议还一致通过聘请他为博物学教授。

回肯塔基州立学院任教,还是在霍普金斯大学继续深造,攻读博士学位?摩尔根又一次面临人生道路上的重要抉择。摩尔根犹豫了,他舍不得放弃在霍普金斯大学继续深造的机会。他是作为一名博物学爱好者进入霍普金斯大学生物系的,但在这里他发现了实验生物学的广阔天地。教授把他引入了生物学家的大门,他计划做的许多研究工作还未来得及进行,放弃了岂不痛心。如果到肯塔基州立学院任教,繁重的教学工作将使他没有多少时间搞研究。于是,他决心留下来攻读博士学位。

当初摩尔根之所以进霍普金斯大学读研究生,是因为他"不知道干什么好"。两年之后他谢绝了肯塔基州立学院的聘请,不去当教授而要留在霍普金斯大学攻读博士学位,这个抉择可不再是稀里糊涂做出的。摩尔根已经走向成熟了,对自己的未来已经有了明确的设想,他要做生物学家!

在给肯塔基州立学院院长写了婉拒聘请的信之后不久，摩尔根就乘船沿海路北上波士顿，然后转火车去伍兹霍尔海洋生物实验室，他的博士论文，将要在这里完成。

摩尔根博士论文的研究对象是海蜘蛛，这是他的导师布鲁克斯挑选的研究课题。海蜘蛛的分类问题，18世纪的大分类学家林奈未能确定下来，给学术界留下了一个问题。那不勒斯动物研究所的多恩认为海蜘蛛不应该归属于蜘蛛类，它是甲壳纲的动物，与虾、蟹同类。他的这一结论被学术界广泛接受，而布鲁克斯却对之有怀疑，他要摩尔根把这个问题研究清楚。摩尔根研究了四种海蜘蛛，不只是研究成体的形态结构，更重要的是研究了它们的胚胎发育和形态发生过程，从而认定海蜘蛛应该属于蜘蛛类。他这一研究工作的方法和结论，都受到布鲁克斯的高度赞赏。

1890年春，摩尔根获得了霍普金斯大学的哲学博士学位，并获得了布鲁斯研究席位，可以得到布鲁斯基金的科研资助。霍普金斯大学新设的这项制度，是专门为那些已经获得了博士学位，而不能再获得一般学生奖学金的人设立的。摩尔根依靠这笔资助去牙买加和巴哈马群岛进行了科学考察,还实现了他梦寐以求的访问那不勒斯动物研究所的愿望,并在欧洲停留了相当长时间。

1891年的夏天,摩尔根又到伍兹霍尔海洋生物实验室做研究工作。8月底他乘火车去波士顿,然后又到巴尔的摩,去霍普金斯大学办清手续,取走个人物品。此后,他就要去离费城不远的布林马尔学院任教了,接替威尔逊的工作,职务是生物学副教授。威尔逊要去那不勒斯动物研究所做两年期限的访问学者,然后去位于纽约的哥伦比亚大学工作。正是在名闻遐迩的哥伦比亚大学,摩尔根开创了新的遗传学研究方向,并建立了基因理论。

摩尔根的学术贡献

经典遗传学在科学史上的地位及《基因论》的核心观点

　　20世纪是科学技术大发展的世纪,生物学(或叫生命科学)是发展最快、影响最大的学科之一。在20世纪后期的科技文献中,大约有1/3是属于生物学方面的。有人曾预言,21世纪将是生物学的世纪,生命现象的秘密将被进一步揭开,生物技术将对社会发展产生重要影响。

　　生物学分支学科甚多,遗传学是20世纪生物学中发展最迅速的学科之一。19世纪末,科学的遗传学尚未建立起来,人们对遗传的认识还主要基于猜测和思辨。到20世纪末时,对遗传的认识达到分子水平,已经可以用基因工程技术定向地改变生物的遗传性。遗传学由生物学中一个发展滞后的学科,一跃成为领先的学科。

遗传学的发展,可以分为两个主要阶段:经典遗传学阶段和分子遗传学阶段。20世纪上半期的遗传学是经典遗传学,它是分子遗传学的基础。在经典遗传学阶段,其理论的核心是遗传的染色体学说,即基因论。其主要成就是证明了基因的存在、基因的位置、基因的传递方式,然而这时人们对基因本身究竟是什么、它的化学成分如何、它怎样发挥遗传功能等问题还不能研究。在20世纪40年代末50年代初,人们认识到脱氧核糖核酸(DNA)是遗传的物质基础,是基因的载体。1953年沃森(J. D. Watson,1928—　　)和克里克(F. Crick,1916—2004)提出了DNA分子双螺旋结构模型,自此开始从分子水平来阐明基因是如何复制,如何发挥功能的,遗传学进入了分子遗传学阶段。

摩尔根是经典遗传学中成就最大的人,是基因论的提出者,是经典遗传学的旗帜。由他开创的摩尔根学派是经典遗传学的主流学派,他和他的助手们的研究成果是经典遗传学的代表,他的学生和学生的学生遍布世界。

《基因论》一书,是摩尔根全面阐述遗传的染色体学

说(即基因论)的理论著作。其核心观点,概括为以下几个方面:

1. 证实了孟德尔的遗传学说,生物的性状是由遗传因子(即基因)决定的,基因是长期稳定的、颗粒性的,可以区分为一个个单位。

2. 证明了基因是存在于染色体上的。

3. 发现了基因的连锁和交换,只有位于不同染色体上的基因才可能自由组合。孟德尔提出的遗传因子自由组合定律只是遗传上的特例。这犹如在爱因斯坦提出相对论以后,牛顿力学定律成为在一定条件下才能适用的特例。

4. 证明了生物的性别是由其染色体的组成状况决定的。

5. 证明了基因以直线形式排列于染色体上,并根据基因之间的交换率确定了位于同一染色体上的基因的相对位置,绘出了表示染色体上基因排列状况的遗传学图谱。

6. 证明了突变是基因的非连续变化。

7. 发现了染色体畸变(重复、缺失、倒位、易位、三体、多倍体等)对遗传的影响。

8. 发现了基因的多效性(一个基因可以影响多个性状)和多基因遗传(一个性状受多个基因控制)。

遗传学走向科学

遗传学是一门年轻而又古老的学科。20 世纪初孟德尔定律被重新发现后,科学的遗传学才建立起来,但是,从古代起人们就开始思考遗传问题了。"种瓜得瓜,种豆得豆""好种出好苗",这些来自生产经验的俗语,已经包含了原始的遗传学知识。古代学者关于遗传问题也有很多论述。古希腊的希波克拉底曾提出"泛生说",认为生物的各个器官中都有决定该器官特征的微小元素,或称之为"胚芽",各器官的胚芽通过血液运行集中到生殖器官中,遗传给下一代。亚里士多德认为,雄性的精液决定了下一代的特征,母体的作用是给胚胎发育提供营养。

由于遗传问题的复杂性,人们对它的认识长期停留在猜测和思辨水平上,一直未能用严格的科学手段进行研究。19 世纪,高尔顿(Galton)提出了很有影响的融合遗传理论。这种理论认为,双亲的精子和卵子分别携带了双亲的特征,交配后二者会融合起来,因而后代的各种特征处于双亲的中间状态。融合遗传理论曾给达尔文的生物进化论带来困难,因为按照这一理论,一个生物的性状变异在其后代中会被弱化,难以一代一代加强而形成新的物种。

1865 年孟德尔通过豌豆杂交试验提出了两条遗传学基本定律。孟德尔幸运地选择豌豆为试验材料。豌豆已经过长期人工栽培,品种多样,可以有多种杂交组合;它又是自花授粉植物,可以避免天然杂交对试验的干扰;它的花朵比较大,人工杂交操作方便。孟德尔在试验方法上也有重大创新,他有严格的数量统计,因而能定量地表述结果。在对试验结果的解释上,他把假设-演绎方法引入遗传学研究,提出了遗传因子、显性与隐性等概念,并以这些概念为基础提出了分离定律(每个性状是由一对遗传因子控制,在形成精子或卵子时互相分离)和自由组合定律(不同性状的遗传因子,在生殖时自由组合),从而否定了融合遗传理论。

后来人们将孟德尔尊称为经典遗传学的奠基人,但是在孟德尔提出遗传定律时并没有引起人们多大关注。1900年,对遗传学的发展来说是很有意义的一年。在这一年,被忽视了三十多年的孟德尔定律,又被德弗里斯(H. de Vries,1848—1935)、科伦斯(C. Correns,1864—1935)、丘歇马克(E. von Tschermak,1871—1962)等人重新发现。他们在杂交试验中得出了与孟德尔一样的结论,肯定了孟德尔定律。至此,遗传学研究才引起人们广泛的关注。

1905年,贝特森(W. Bateson,1861—1926)从"生殖"一词的词根(gene-)创造了"遗传学"(genetics)这个词,用以概括对生物遗传和变异的研究。1906年,贝特森在第三届国际杂交与育种大会(后改称国际遗传学大会)开幕词中介绍了他关于建立遗传学这一学科的意见,为大会所接受。而在这以前,遗传问题只是进化和育种问题的附属物。1908年,约翰森(W. L. Johannsen,1857—1927)创造了"基因"(gene)一词,取代意义比较宽泛的"因子"(factory)。

摩尔根早年对孟德尔定律的怀疑

孟德尔 1865 年提出了两条遗传学基本定律,摩尔根的生命也是在这一年孕育的。这是一个很有意思的巧合(这个俏皮话是摩尔根自己讲的。他说他虽是 1866 年出生的,但他的生命是在 1865 年开始孕育的,正是孟德尔定律提出的时候,所以他注定要从事遗传学研究)。

摩尔根 1886 年从肯塔基州立学院毕业后进入霍普金斯大学生物系攻读研究生。按他自己的说法,这个选择似乎是稀里糊涂作出的,他当时是因为不知道该去干什么好才去读研究生的。至于选择霍普金斯大学,那是因为有同学推荐,而且那里是外祖父家所在地,家里人很支持他去那里读书。1888 年,他获得理学硕士学位。这时的摩尔根,已经迷恋上生物学研究,也迷恋上了霍普金斯大学。当时肯塔基州立学院聘他为博物学教授,但他选择了留在霍普金斯大学继续读博士。这个决定可不是稀里糊涂作出的,对他一生影响深远,从此他走上了通往生物学家之路。

1890 年,摩尔根获得霍普金斯大学哲学博士学位。1892 年,他开始在布林马尔学院任教。这时,他的研究领域是实验胚胎学。在 1894—1895 年,他曾经到意大利那不勒斯动物研究所工作 10 个月,与实验胚胎学奠基人之一的德里施(Hans Driesch,1867—1941)共事。当时,在胚胎学上有预成论和渐成论两种基本观点。德里施是渐成论的代表人物。他用海胆卵为材料做的胚胎发育实验表明,由卵分裂而来的各个细胞具有相同的发育潜力,都可以发育为一个完整海胆。因此,胚胎中的每个细胞究竟发育成胚胎的哪个部分,并不是预先就确定好了的,而是决定于它在胚胎中的相对位置。也许是受了德里施的影响,摩尔根同样支持渐成论观点。他曾说过,如果胚胎发育过程的一切都是预先决定好了的,那么生物学家所能做的就只是观察和描述而已,而渐成论可以提供广阔的研究空间。渐成论的观点曾经影响到摩尔根对孟德尔定律的态度,因为在他看来,孟德尔定律显然是有预成论倾向的,有人称它是预成论的新的表现形式。

孟德尔及孟德尔定律的重新发现者都是以植物为

材料进行杂交研究的。摩尔根欲在动物中检验其真实性,他以小鼠为实验材料,用腹部颜色不同的小鼠杂交。可是实验结果并不符合孟德尔定律,其后代的特征常常是双亲特征的混合。他因此对孟德尔定律的普遍性产生了怀疑,认为有些人把孟德尔定律抬得太高了,甚至把一切杂交试验结果都用孟德尔的方式解释。在1909年的美国育种家协会会议上,他公开讲了这种观点,说有的人是根据解释的需要去假定某种因子存在,然后又从这种假定出发去解释试验结果,就像在玩魔术一样,实验结果当然解释得很好,但这是根本靠不住的。把基因的显隐性关系说成是先天确定了的,摩尔根也不同意,他认为这也明显是预成论的观点。摩尔根认为显隐性关系是可以受到后天发育条件的影响而发生转换的。关于基因存在于细胞核内,存在于染色体上,摩尔根这时也有怀疑,他认为原生质在遗传上可能也起作用。

　　20世纪的头10年中,遗传学在迅速发展,摩尔根也一直在关注着遗传学。在他看来,遗传问题是发育和进化问题的关键。摩尔根称自己为实验生物学家,他不喜欢思辨式的讨论,而主张一切结论皆应以实验结果为依据。对于孟德尔定律,因为它有实验基础,摩尔根是比较欣赏的。

摩尔根遗传学研究的关键点——发现果蝇的伴性遗传

摩尔根观点的转变开始于 1910 年,转变的起点是通过对白眼果蝇所做的杂交试验发现了伴性遗传。

果蝇是摩尔根研究遗传问题的主要材料,它作为研究材料有很多优点。它的体长只有几毫米,一个牛奶瓶中就可以养数百只。它又不太小,在放大镜或低倍显微镜下可清楚地观察它的各种形态性状。它容易饲养,用香蕉或其他水果就足够。它繁殖迅速,在合适条件下十几天就能繁殖一代。一只雌蝇一次能产生数百只甚至上千只后代,可以为遗传统计提供足够数量。以果蝇为研究材料,还有一个优点是遗传学家起初未曾考虑到、但后来表明是非常重要的,那就是它只有 4 对染色体,而且它的幼虫唾液腺细胞中的染色体非常大,观察方便。在《基因论》一书中可以看到,摩尔根一直是把对染色体的形态观察和对杂交结果的遗传学分析紧密结合起来的。

杂交试验需要有稳定的相对性状作为杂交材料，以果蝇为遗传研究材料时，关键是发现它的性状变异，才可以和正常（即野生型）果蝇构成相对性状，作为杂交试验材料。在摩尔根实验室里，起初是用果蝇做近亲繁殖实验，观察其后代生活力是否下降，再观察果蝇的性状是否发生了突变，还用射线照射果蝇的成虫、幼虫和卵，希望增加突变的可能性。可是早期的结果令摩尔根很失望，他曾跟朋友说，两年的功夫白费了。1910 年时终于得到了一只白眼雄果蝇（野生型果蝇眼睛为红色），它的出现是一系列富有成果的研究的开始。

摩尔根用这只白眼雄果蝇与野生型雌果蝇交配，杂交后产生的第一代（子一代）都是红眼；子一代的雌雄果蝇交配（兄妹交配），生出的子二代中红眼与白眼的比例接近于 3∶1，这都与孟德尔定律一致。但是，令摩尔根惊奇的是，子二代中的白眼果蝇都是雄的。他又做了回交实验，用子一代红眼雌果蝇与最初的那只白眼雄蝇交配（父女交配），其后代白眼与红眼比例接近 1∶1，而且雌蝇与雄蝇中白眼与红眼的比例也接近 1∶1，这也符合孟德尔定律。在《基因论》一书的第 5 章和第 14 章中，讲述了这些实验。摩尔根是个非常强调一切结论皆应以实验结果为依据的人，这些实验结果使他改变了对孟德尔定律的态度，从怀疑变为相信。

为什么子二代中只有雄蝇中有白眼？这是一个新问题。如果假定眼睛颜色基因存在于性染色体上，这一实验结果就得到了合理解释。把某个基因定位于一个特定的染色体上，这是第一次。这也使摩尔根在之后的研究中非常注意观察染色体，为染色体遗传学说的形成奠定了基础。

达尔文曾经创造了"限性遗传"这个术语（sex-limited inheritance），指的是某些性状的遗传要受性别的制约，只会在雄性或只会在雌性个体上表现出来，例如雄鸟的艳丽的羽毛。摩尔根起初曾把果蝇白眼性状的遗传称为"限性遗传"，但是之后又感到它并不符合这个术语的意思，于是创造了"伴性遗传"（sex-linked inheritance）一词，成为遗传学上的专门术语。过去曾有人对人类的色盲、血友病等疾病患者进行过家系调查，但调查结果令人疑惑不解。为什么患者多是男性？为什么患者的子女很少患病,却在患者的外孙身上又表现出来?诸如此类难以解释的问题,现在用伴性遗传理论都得到了很好的解释。

发现基因的连锁与交换

基因存在于染色体上是萨顿(W. S. Sutton,1877—1916)在 1903 年提出的观点。那时证据只是孟德尔所假定的遗传因子在生殖过程中的行为与染色体的行为一致,都是在成体细胞中成对存在,形成精子或卵子时分离,受精后又恢复成对状态。虽然人们认为这个推测是合理的,但是没有直接证据。伴性遗传的发现,第一次把特定基因与特定染色体联系起来。更加直接的证明则来自摩尔根的助手布里奇斯(C. B. Bridges,1889—1938),他在用白眼果蝇做的杂交实验中发现了性染色体不分离现象。个别果蝇由于多了或少了一条性染色体,就有了与平常果蝇不一样的性状,这清楚地证明染色体上携带着遗传基因。《基因论》一书的第 4 章,论述了这个问题。

发现伴性遗传之后,进一步的研究使摩尔根又发现了基因的连锁与交换,这是对孟德尔定律的重要发展。一个生物的基因数目是很大的,但染色体的数目要小得多。例如,现在认为人体大约有 5 万个到 10 万个基因,但只有 23 对染色体。就摩尔根当年的研究来说,果蝇只有 4 对染色体,而经他发现和研究了的果蝇基因就有几百个。显然,一条染色体上存在着多个基因,在生殖过程中只有位于不同染色体上的基因才可以自由组合,而同一染色体上的基因应当是一起遗传给后代,这就是基因的连锁。在表现上就是有一些性状总是相伴出现,它们组成一个连锁群。这样看来,孟德尔发现的遗传因子自由组合只是特例。豌豆有 7 对染色体,他研究的 7 对性状恰好各在一对染色体上,否则他就不能发现自由组合了。从理论上认识基因连锁似乎不太难,关键是拿出实验证据。1914 年,摩尔根研究了果蝇的几百个性状,也就是几百个基因,发现它们是 4 个连锁群,这与果蝇有 4 对染色体正好一致。在这 4 个连锁群中,有 1 个群明显很小,只发现了 3 个基因,而其他 3 个群已知的基因都有一百多个。相应的,在果蝇的 4 对染色体中也有一对形态上明显地小于其他 3 对,在显微镜下只是一个圆点而不是条状。以后又在其他生物中发现了基因连锁群,但连锁群的数目都没有超过染色体数目,证明细胞学观察和遗传学研究的结果是完全一致的。

在发现基因连锁的同时,摩尔根还发现,同一连锁群基因的连锁并不是绝对,而且不同基因之间的连锁强度不同。也就是说,不同连锁群之间可能发生基因交换。初看这似乎与基因连锁相矛盾,但是细胞学的观察发现,在形成生殖细胞的过程中,不同染色体之间有交叉、缠绕、交换一段染色体的现象。这样一来,基因的交换就得到了解释,细胞学观察与遗传学研究的结果又是一致的。

绘出基因连锁图

1911 年摩尔根指出,基因之间的连锁强度是不同的。联系到染色体的行为,他又指出,基因连锁强度不同是由于在染色体上距离不同,距离越近则连锁强度越大,越远则发生交换的概率越大。因此,根据连锁强度的大小,就能够确定同一连锁群各个基因在染色体上的排列顺序。

首先需要确定基因在染色体上是直线排列还是网状排列。因为染色体的形态是线状或棒状,似乎直线排列的可能性更大。摩尔根小组设计了一个"三点试验"来证明这个问题,其思路是这样的:假定有 ABC 三个基因,它们属于同一连锁群,已知 AB 之间的交换率为 a,AC 之间的交换率为 b,a 大于 b。若三者为直线排列,则 BC 之间的交换率或是 $(a+b)$(基因 A 在 BC 之间),或是 $(a-b)$(基因 C 在 AB 之间)。如果是网状分布,则显示不出这种关系。实验结果证明了直线排列的设想。

从这种思想出发,摩尔根小组花费了巨大的劳动,测定了果蝇许多基因之间的连锁强度,以此为据画出了表示果蝇基因在染色体上相对位置的基因连锁图,或叫做遗传学图。《基因论》第 1 章的"基因的直线排列"一节中,绘出了这种基因连锁图。图中表示的是相对距离,1% 的交换率就是相距一个单位,最前端的基因的位置为零。需要说明的是,基因交换的频率在 0~50% 之间,从遗传学图查两个基因之间的交换频率只限于距离较近者。

讨论突变的起源与进化

孟德尔式的遗传研究,是以成对的相对性状为研究对象。他所用的豌豆经过长期的人工选择和培养,已存在有很多稳定的相对性状,如植株高与矮、种皮黄和绿、种子圆与皱等,所以不需要考虑性状的起源问题。摩尔根就不同了,他以果蝇为研究材料,而果蝇是野生的,首先必须发现它的性状突变,才能与野生型构成可供研究的相对性状。因此,必然要关注突变性状的起源问题,关注如何增加突变。

达尔文进化论的核心是自然选择,先有突变,即先有不同性状才能进行选择。但达尔文没有谈到突变的起源问题,而摩尔根的基因论涉及了。在《基因论》的第5和第6章中,摩尔根阐述了他对突变性状的起源与进化问题的思考。他认为基因突变是选择的材料,因为只有基因突变所引起的性状改变才能遗传下去。

关于基因突变,德弗里斯在他 1901 年出版的《突变论》一书中认为,突变有两种作用:一是增加一种新的基因;二是使原有的基因失去活动,产生出一个"退化的变种"。摩尔根注意的是基因的第二种作用。例如,他认为白眼突变的发生,可能使产生眼色素的功能丧失。1935年,比德尔(G. W. Beadle,1903—1989)和伊弗鲁斯(B. Ephrussui)曾研究过果蝇眼睛色素的合成过程,希望解决基因作用机制问题。其结论也是认为眼睛颜色的突变是由于缺失了合成某种物质的能力,使得色素合成的化学过程不能进行下去。这种研究的进一步发展,最终提出了"一个基因一个酶"的学说。

认为基因突变的结果是原有的基因失去作用,这又引发出另一个重要问题:使得生物进化的新性状是如何发生的?这个问题关系到达尔文进化论的生存。摩尔根认为,异倍体的产生,也就是染色体由于不正常的分裂或分离而使得生物的染色体数量发生了变化。在《基因论》的第12章,他专门讨论了这个问题。

讨论性别决定的机制

《基因论》一书的第14和第15章,讨论的是性别决定问题,第 16 和第 17 章的内容也与此相关。这个问题的解决,也是摩尔根在遗传学上的一个重要贡献。

　　性别是如何决定的,一直是生物学上关心的问题。古代人对此曾经有过许多猜测。古希腊流传很广的一种说法是"左右"学说,认为来自男性右侧睾丸的精液生男孩,来自左侧睾丸的精液生女孩。古代印度则有另一种"左右"学说,认为在女性子宫右侧受孕会生男孩,在子宫左侧受孕会生女孩。还有一种说法,则认为生男生女决定于子宫的温度,较热的子宫生男孩,较凉的子宫生女孩,因此劝告想多获得母羊的牧羊人要在刮北风时给羊配种,而且要让母羊臀部向着北方。亚里士多德注意到,只有一个睾丸的男子也能既有儿子又有女儿,因此他不相信"左右"学说。他认为生男生女决定于精液的性质,稀薄的、水样的精液生女孩,黏稠的、富有生命热的精液生男孩,而精液的性质则受年龄、体质、营养、气候等多种因素影响。例如,青年男子还没有足够的"生命热",老头子则"生命热"衰退,这都较容易生女孩。一直到 19 世纪,关于性别决定问题,仍然盛行着种种猜测性的说法。

　　孟德尔也关注过性别决定问题。他推测,像其他性状是由遗传因子决定的一样,可能也存在有决定性别的遗传因子,雌与雄是一对相对性状。摩尔根对这种说法曾提出质疑,他说,如果有性别决定遗传因子,那么雌雄哪一方是显性呢?

　　细胞学研究使关于性别决定机制的问题有了实质性进展。20世纪初,也就是孟德尔定律被重新发现之后不久,细胞学家注意到,生物雌雄个体的染色体中,有一对有差别。他们认为可能就是这一对染色体决定了性别,因此称之为性染色体。这种说法是有道理的,但细胞学家没能给出实验证据。还有一个问题也给性染色体学说带来麻烦,那就是性染色体决定性别的方式是不一样的。

　　有的细胞学家发现,雌性的一对性染色体是由相同的两条染色体构成,称之为 XX;雄性的性染色体是由不同的两条染色体构成,称之为 XY。可是还有细胞学家发现相反的情况,雌性的两条性染色体不同,称之为ZW;而雄性的两条性染色体相同,称之为 ZZ。后来人们知道,性染色体决定生物性别的形式有两种:哺乳动物、多数昆虫、某些鱼类和两栖类以及很多雌雄异株植物，都是 XX—XY 型；鸟类、爬行类、少数昆虫、某些鱼类和两栖类是 ZW—ZZ 型。但是在 20 世纪初，这种不同增加了对性染色体学说的怀疑。先发现的决定方式是 XX—XY 型，在人们正对它将信将疑时又发现了 ZW—ZZ 型决定方式，怀疑自然就进一步加强了。

摩尔根从白眼果蝇发现了伴性遗传，使他相信性别是由染色体决定的，果蝇的性染色体是 XX—XY 型。从对白眼果蝇的遗传研究又发现了性染色体不分离现象，进一步为性染色体学说提供了有力证据。

用白眼雌蝇与红眼雄蝇交配，子代雌蝇都像其父一样是红眼，而雄蝇都像其母一样是白眼，这叫作"交叉遗传"。根据果蝇性别决定方式以及红眼是显性性状白眼是隐性性状，假定白眼雌蝇的基因型是 $X^w X^w$，产生的卵子是 X^w，红眼雄蝇的基因型是 $X^+ Y$，产生的精子是 X^+ 或 Y。X^w 型卵子和 X^+ 型精子结合是 $X^w X^+$ 型，为红眼雌蝇；和 Y 型精子结合是 $X^w Y$ 型，为白眼雄蝇，这样就解释了交叉遗传。但是也有个别例外，大约 2000 个后代中会有一个白眼雌蝇和红眼雄蝇，而且这样的红眼雄蝇都是不育的。

问题是会有这些例外吗？摩尔根的助手布里奇斯进行了深入研究。他假定，亲本白眼雌果蝇生成卵子时发生了罕见的性染色体不分离现象，产生出了 $X^w X^w$ 型和不含性染色体的"O"型卵子，$X^w X^w$ 型卵子与 Y 型精子结合生出了 $X^w X^w Y$ 型个体，它因具有成对的 X 染色体和成对的隐性白眼基因而表现为白眼雌性，O 型卵子和 X^+ 型精子结合发育为雄性，因缺少 Y 染色体而不育。O 型卵子和 Y 型精子结合，合子的基因型是 YO，因为 Y 染色体很小，所携带的基因很少，YO 型接近于性染色体缺失，不能成活。X^+ 型精子和 $X^w X^w$ 型卵子结合，合子的基因型是 $X^w X^w X^+$，因基因数目太多也不能成活。细胞学观察证实了布里奇斯的这一推断。他又进一步预言，基因为 $X^w X^w Y$ 型的白眼雌蝇，有可能形成 X^w、$X^w Y$、$X^w X^w$ 和 Y 四种卵子，与正常红眼雄蝇交配，合子基因型可能有 $X^w X^+$、$X^w X^+ Y$、$X^w X^w X^+$、$X^+ Y$、$X^w Y$、$X^w Y Y$、$X^w X^w Y$ 和 YY 共 8 种形式。其中 $X^w X^+$ 和 $X^w X^+ Y$ 发育为红眼雌蝇，$X^w X^w Y$ 发育为白眼雌蝇，

X^wY 和 X^wYY 发育为白眼雄蝇,X^+Y 发育为红眼雄蝇,$X^wX^wX^+$ 和 YY 型合子死亡。交配实验结果及细胞学观察与布里奇斯的预言一致。由于性染色体不分离而形成的性染色体异常,是细胞学家不曾观察到的。布里奇斯的这一系列的实验,清楚地说明了性染色体在性别决定中的作用,学术界认为是无可怀疑的。

至于染色体决定性别的方式有 XX—XY 型和 ZW—ZZ 型两种,摩尔根认为,虽然形式上看起来似乎是相反的,但从原则上说它们是一致的。后来在 ZW—ZZ 型决定的动物中也发现了伴性遗传,证明了摩尔根的这种观点。

研究染色体畸变的遗传影响

染色体畸变包括染色体数目上的改变和结构上的改变。一般的生物体细胞中含有分别来自精子和卵子的两套染色体,叫作二倍体,数目上的改变是指形成了单倍体、多倍体或非整倍体。结构上的变化是指染色体的某一片段缺失、重复、易位、倒位等。基因存在于染色体上,染色体畸变必定使基因的组成发生变化,引起生物性状的变化。

在摩尔根之前就曾有细胞学家观察到一些染色体畸变,但是摩尔根首次把染色体畸变和遗传学研究紧密结合起来,阐明了它在遗传上的影响。事实上,有许多染色体畸变的发现是由于摩尔根实验室先发现了它的遗传学作用,推知有染色体畸变发生,而后才找到的。

果蝇的性染色体不分离也是染色体数目改变的一种,结果是形成了非整倍体。果蝇第 4 染色体的缺失与发现果蝇基因第 4 连锁群密切相关。《基因论》第 6 章第 1 节中讲到了这个问题。更有意思的则是这一节中讲到的果蝇缺翅突变与相应的染色体缺失。第一个缺翅突变果蝇是德克斯特(Dexter)1914 年发现的,它是伴性遗传,存在于性染色体上。可令人疑惑不解的是,它在雌性个体上是显性性状,在雄性个体上又像是一个隐性致死基因。

1916 年布里奇斯又发现了缺翅果蝇,用它和具有一个也是存在于性染色体上的隐性基因(小眼不齐)的果蝇交配,结果小眼不齐基因成了显性。他因此推断,缺翅突变是由于性染色体缺失了一段,缺失的位置是在与小眼基因相当的地方,隐性的小眼基因因为没有配对的基因而表现为显性。通过进一步的研究,他还能够指出丢失的那一段染色体上都有哪些基因,因此也可以指出它应是性染色体的哪一段。

由于当时没有办法对果蝇染色体进行足够细致的观察,布里奇斯的推断一直无法证实。十几年以后,人们发现果蝇幼虫唾液腺细胞的染色体特别大,果蝇染色体结构的观察有了好材料,布里奇斯的推断才得以证实。摩尔根写《基因论》的时间在这之前,所以书中说布里奇斯的这一推断尚无细胞学上的证明。

染色体畸变可能引起生物性状的明显改变,例如三倍体西瓜是无籽的,多倍体小麦的产量高,三倍体杜鹃花的花期特别长,等等。对染色体畸变及其在遗传上的影响以及引起染色体畸变的原因的研究,为育种工作提供了理论指导。

《基因论》问世和摩尔根遗传学派的建立

摩尔根非常强调实验的重要性,强调理论思考必须以实验事实为依据,反对超出实验事实可以检验的范围而作无根据的推测,他曾戏言自己是实验室中的一条虫。同时他也很重视理论思考,反对仅仅描述实验结果。他还经常对已有的成果进行系统总结,形成比较完整的理论认识发表出来。

1915 年,摩尔根和助手布里奇斯、斯特蒂文特(A. H. Sturtevant,1891—1971)、缪勒(H. J. Muller,1890—1967)合著的《孟德尔式遗传的机制》出版。此书是他们几年来以果蝇为主要实验材料的遗传学研究的总结,阐述了伴性遗传、基因连锁与交换、基因在染色体上直线排列等重要问题。染色体遗传学说即基因论的主要观点,在这部书中都已经提出来了。此书出版后极受重视,被认为是新的、科学的遗传学的入门书。摩尔根实验室的研究方法,被认为是遗传学研究的楷模。摩尔根实验室被看做遗传学研究的圣地,很多人慕名前来求学和求教。经典遗传学的主流学派——摩尔根学派,或叫孟德尔-摩尔根学派,开始逐渐形成和壮大。我国著名遗传学家李汝祺和谈家桢,都是摩尔根实验室培养出来的博士。《基因论》中文本译者卢惠霖,也曾在摩尔根实验室学习过。

1925年出版的《遗传学文献》第二卷第一期,是摩尔根及其助手历年来在多家刊物上发表的论文专集。有人说此书如同遗传学界的《圣经》,有志于遗传学的研究人员非读不可。

1926年,摩尔根的《基因论》出版。此书总结了摩尔根以及助手们的研究成果,是自孟德尔定律提出以来遗传学研究的系统总结,用基因理论对当时已经发现的几乎所有重要遗传成果作出了阐述,标志着基因论的成熟,是经典遗传学最重要的理论著作。1928年,《基因论》又出了增订与修正版。中文版的《基因论》,就是由这个增订与修正版译出。卢惠霖先生1949年就完成了此书的翻译工作,但由于多种原因直到 1959 年才得以出版。

《基因论》第 1 章第 6 节"基因论"中说:"基因论认为个体上的种种性状都起源于生殖质内的成对的要素(基因),这些基因互相联合,组成一定数目的连锁群;认为生殖细胞成熟时,每一对的两个基因依孟德尔第一定律而彼此分离,于是每个生殖细胞只含一组基因;认为不同连锁群内的基因依孟德尔第二定律而自由组合;认为两个相对连锁群之间有时也发生有秩序的交换;并且认为交换频率证明了每个连锁群内诸要素的直线排列,也证明了诸要素的相对位置。"这是基因论的最权威表述。

从经典遗传学到分子遗传学

基因论"使我们在最严格的数字基础上研究遗传学问题，又容许我们以很大的准确性来预测在任何一定情形下将会发生什么事件。在这几方面，基因论完全满足了一个科学理论的必要条件。"(《基因论》第1章第6节)

基因论解决了许多遗传学问题，同时也提出了很多它没能解决、需要进一步研究的问题，而且这些问题的解决必须超越孟德尔-摩尔根式研究方式，采用新的研究方法。摩尔根对此有清醒的认识，在《基因论》中他也讲到了，主要有以下几个方面。

1. 基因论讨论的是基因在上下各世代间的分布，没有涉及基因如何影响发育的过程，也没有涉及基因同其最后产物即性状是如何联系的。这是由于"这方面知识的贫乏，并不是说它对于遗传学不重要。明确基因对发育中的个体如何产生影响,毫无疑义地将会使我们对于遗传的认识进一步扩大,对于目前不了解的许多现象也多半会有所阐明"。(《基因论》第2章)

2."基因论是由纯粹数据推演而来,并没有考虑在动物或植物体内是否有任何已知的或假定的变化,能按照所拟定的方法来促成基因的分布。不论基因论在这方面如何满意,基因在生物体内如何进行其有秩序的重新分配,仍会是生物学家力求发现的一个目标。"(《基因论》第3章)

3. 基因只是一种"可爱的假设",它本身的性质不明。事实上,摩尔根学派的研究方式是若发现一个性状突变,就假定一个相应基因存在,然后通过杂交试验看它在后代中如何分布,进而作出许多关于它的推断。有人对究竟有无基因,对于这种假设的价值表示怀疑。摩尔根争辩说,像物理学家和化学家假定了电子和原子一样,遗传学家假定了基因,因为在这种假定的基础上形成的理论能够帮助我们作出科学预测,所以它有存在的价值。从基因的行为表现可以认为它是一定数量的物质,但是,不知道什么物质能有如此特殊的功能和性质。

"如果我们认为基因只是一定数量的物质,那么,我们便不能圆满地解答为什么基因历经异型杂交中的变化而依然如此恒定,除非我们求助于基因以外另一种保证它们恒定的神秘的组织力量。这个问题目前还没有解决的希望。"(《基因论》第 19 章第 3 节)摩尔根曾经试图计算基因的大小,但没有得出有把握的结果,不过他估计出基因的大小和大型有机分子接近,这已经可以称为英明预见了。

朱砂眼和朱红眼是果蝇的两种隐性眼睛颜色突变,他们的眼睛颜色比野生型果蝇浅。1935 年,比德尔把朱砂眼和朱红眼突变体幼虫的胚胎眼组织移植到野生型果蝇幼虫体内,发现在这些幼虫发育为成虫的过程中,移植的眼组织发育成了眼色为野生型的额外眼。由此推断,眼色突变体幼虫的眼组织是可能发育为野生型眼的。进一步研究发现,眼色突变果蝇之所以眼色不正常,是由于它缺少了合成一种酶的能力,而由这种酶所产生的物质对于眼色的正常发育是不可缺少的。这样就把基因的作用同酶的合成联系起来了。

对基因本身的化学成分和性质进行研究,是由研究

兴趣不同的科学家从以下三个方面,或是说从三个角度
进行的:

1. 从信息传递的角度,研究什么物质是遗传信息的
携带者,即基因的物质基础是什么。经典遗传学已确定
基因位于染色体上,染色体的主要物质成分是蛋白质和
脱氧核糖核酸(DNA),所以争论集中在遗传物质基础是
蛋白质还是 DNA。20 世纪 30 年代,倾向于认为是蛋白
质。40 年代中期和 50 年代初,艾弗里(O. T. Avery,
1877—1955)等人关于肺炎双球菌类型转化的实验和赫
尔希(A. Hershey,1908—1997)等人关于噬菌体侵入细
菌过程的实验,证明了 DNA 是遗传的物质基础。

2. 对蛋白质和 DNA 的分子结构进行研究,从它们
的结构认识它们是怎样发挥功能的。这类研究主要是
由有着物理学基础的科学家进行的。摩尔根关于基因
的研究成果,引起了著名物理学家玻尔(N. Bohr,
1885—1962)、薛定谔(E. Schrödinger,1887—1961)等人
对生物遗传问题的巨大兴趣。基因一代一代遗传下来
是那么稳定,各个基因产生的效果是那样特定专一,用
已知的物理学定律难以解释,但他们又坚信基因作为一

种物质,应该服从物理学定律,因此他们希望通过研究基因即遗传物质来发现新的物理学定律。薛定谔还预言,遗传物质应当是一种非周期性晶体,遗传信息就储存在它的晶体结构之中。受他们的影响,很多受过良好物理学训练的人,使用最现代的仪器,投入对蛋白质和分子结构的研究中。

3. 研究生物体内发生的化学反应,以及引起这些化学反应的酶。比德尔采用红色面包霉的生化突变体为材料,提出"一个基因一个酶"的学说,已从生物化学角度阐明基因如何发挥功能,把基因的作用同特定的酶的产生联系起来。

以上三个方面研究成果的会合,导致分子遗传学的诞生。1953 年,沃森和克里克提出 DNA 的双螺旋结构模型,是分子遗传学诞生的标志,从此开始在分子水平上研究遗传学问题。分子遗传学的发展非常迅速,短短 20 年的时间,就破译了遗传密码即 DNA 携带遗传信息的方式,明确了遗传信息的传递方式是从 DNA 到 RNA (核糖核酸)再到蛋白质,并且能通过改变生物的遗传物质从而定向地改变生物的遗传性,这就是基因工程。

对摩尔根遗传学派的"批判"

摩尔根及其助手的出色工作,使得遗传学界多数人接受了基因论,摩尔根学派成为经典遗传学的主流学派。但是,也有一些人怀疑或不同意基因论,其中影响较大的主要是当时苏联和社会主义国家中的米丘林学派,或称米丘林-李森科学派。

米丘林学派的基本观点是:遗传性是生物与其生存条件的矛盾统一,一方面表现为生物对外界环境条件有一定的要求,满足它的要求它才能正常地生长发育;另一方面表现为生物对外界环境条件能作出一定的反应,也就是说,如果它所要求的条件不能得到,它会发生相应的反应。各种生物的遗传性的这两个方面,都是它在长期的发展历史中逐渐形成的。这样认识的遗传性,是与整个生物体都有关系的,是生物体表现出来的属性。因此米丘林学派否认生物体内有特殊的、专门决定遗传的物质存在,即否定基因的存在。

从理论渊源上说,米丘林学派承认拉马克的后天获得性遗传理论,而摩尔根学派从基因论出发,认为只有基因发生了变化才能够遗传。米丘林学派还认为,遗传学的根本任务是为生产实践服务,当掌握了生物的遗传特性以后,一方面要尽力满足它对生活条件的要求以提高产量,另一方面可以有意识地改变它的生活条件,定向地改变它的遗传性,使它产生符合人的要求的新特性和新特征,培育出新的动植物品种。他们反对摩尔根式的研究,认为那样的研究只是关注生物子代与亲代相似与否,关注各种特性在后代中如何分布,却脱离了生产实践。米丘林学派在实践上的主要成就是培育出来一些农作物新品种,在理论上主要是提出了驯化理论、植物阶段发育理论等。

学术上有不同观点是正常现象,不同学派之间的争论对科学发展是有利的,但是这场争论却被政治化了。20 世纪 30 至 50 年代,以李森科为代表的米丘林学派,把摩尔根学派说成是唯心主义的,理由是基因是假设出来的东西。他们还认为摩尔根学派以果蝇为研究对象,不是结合生产需要进行研究,不是为发展生产服务;不是为劳动人民服务,而是为帝国主义服务;不是无产阶级的科学,而是资产阶级的科学。李森科依靠斯大林政治上的支持成为学阀学霸,使苏联当时的摩尔根学派科学家受到了残酷的打击和迫害,甚至被当作犯人关押起来。苏联的做法也影响到中国,摩尔根学派在中国也曾受到批判和压制,所幸的是不像苏联打击迫害得那样厉害,也比苏联纠正得早。

苏联领导人这样做,有其深刻的思想和政治原因。在当时,他们看一切问题,包括科学问题,都是从阶级斗争的观点出发,从社会主义和资本主义的斗争出发,从美苏两国的斗争出发。米丘林学派与摩尔根学派之间的争论,被他们说成是无产阶级与资产阶级、社会主义与资本主义之间的斗争,是美国科学与苏联科学之间的斗争。他们要用社会主义的、无产阶级的、苏维埃的科学压倒帝国主义的、资产阶级的、美国的科学,以证明社会主义的优越性。苏联当时急于发展农业生产,增强国力,把希望寄托在米丘林学派身上,因为该学派直接致力于培育农作物新品种,而摩尔根学派以果蝇为主要研究材料，与农业似乎关系遥远。可是，历史发展却与他们的愿望相反。

摩尔根学派通过研究果蝇发现了遗传规律，指导杂交育种取得了重要成果，基础科学的进步转化成了巨大的生产力，而被他们寄予很大希望的李森科却没有什么建树，成了学术界耻笑的对象。看起来似乎没有实际意义的研究在实践中却发挥了重要作用，与实际需要似乎关系很直接的研究却难以有所成就，这样的教训是发人深省的。虽然摩尔根学派与米丘林学派的争论已经成为历史，以政治干涉学术问题的做法如今已经很少见，但是，对于发生这一事件的深刻原因，还值得我们进一步思考。

中　篇

基因论（节选）

The Theory of the Gene

遗传学基本原理

遗传粒子理论

遗传的机制

染色体与基因

突变性状的起源

性别与基因

总结

基因论（节选）

The Theory of the Gene

遗传学基本原理
The Fundamental Principles of Genetics

　　现代遗传理论是根据一种或多种不同性状的两个个体杂交中的数据推衍出来的。这理论主要研究遗传单元在各世代的分布情况。像化学家和物理学家假设看不见的原子和电子一样,遗传学者也假设了看不见的要素——基因。

现代遗传理论是根据一种或多种不同性状的两个个体杂交中的数据推衍出来的。该理论主要研究遗传单元在各世代的分布情况。像化学家和物理学家假设看不见的原子和电子一样，遗传学者也假设了看不见的要素——基因。三者主要的共同点，在于化学家、物理学家和遗传学家都根据数据得出各人的结论。只有当这些理论能帮助我们作出特种数字的和定量的预测时，它们才有存在的价值。这便是基因论同以前许多生物学理论的主要区别。以前的理论虽然也假设了看不见的单元，不过这些单元的性质都是随意指定的。相反，基因论所拟定的各种单元的各种性质，却以数据为其唯一根据。

孟德尔的两条定律

孟德尔的功绩在于发现了两条遗传基本定律，从而奠定了现代遗传理论的基础。20世纪以来，其他学者继续研究，使我们向同一方向更加深入，并使现代理论有可能在更广泛的基础上更趋完善。以下举出几个熟知的例子，来说明孟德尔的发现。

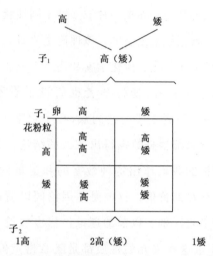

图 1① 高株品种同矮株品种杂交,产生第一代(子₁)的高株杂种,即高(矮)。杂交一代的配子(卵和花粉粒)重新组合,如各方格所示。结果产生了孙代或杂交二代(子₂)的 3 高株和 1 矮株

孟德尔用食用豌豆的高株品种同矮株品种杂交。子代杂种即子₁②,都是高株(图 1)。再使子代自花受精,孙代分高株和矮株,两类的株数成 3∶1。如果高株品种

___

① 本书的图的编号,皆为《基因论》原书中的序号。——编辑注
② 子₁(F₁),读作"杂交一代",代表子代;子₂(F₂)读作"杂交二代",代表孙代;由此类推。亲(P)代表亲代;P₁代表父母一代,P₂代表祖父母一代。——译者注

· 68 ·

的生殖细胞含有促成高株的某种东西,而矮株品种的生殖细胞含有促成矮株的某种东西,那么,杂种便应该具备这两种东西。现在,杂种既然是高株,由此可知两种东西会合时高者是显性,而矮者是隐性。

孟德尔指出,用一个很简单的假说便可以解释第二代中3∶1的现象。当卵子和花粉粒成熟时,如果促成高株的某种东西,同促成矮株的某种东西(两者在杂种内同时存在),彼此分离,那么,就会有半数的卵子含高要素,半数的卵子含矮要素(图1)。花粉粒也是如此。两种卵子同两种花粉粒都以同等的机会受精,平均会得到3高株和1矮株的比例,这是因为要素高同高会合,会产生高株;高同矮会合,产生高株;矮同高会合,产生高株;而矮与矮会合,则产生矮株。

孟德尔采用一个简单的方法来测验他的假说:让杂种回交①隐性型,杂种的生殖细胞如果分高矮两型,那么,子代植物也应分高矮两型,各占半数(图2)。实验结

---

① 回交或返交(Back Cross),就是把表面上显性的个体回头来同其隐性亲型个体交配的过程,目的在于揭露前者究竟是纯显性或者只是杂种。——译者注

果,恰如所料。

	卵	矮	矮
子₁ 花粉 高		矮 高	矮 高
矮		矮 矮	矮 矮

图 2 子₁ 杂种的高(矮)豌豆与亲本隐性型(矮)

回交,产生高株和矮株两型,各占一半

　　人眼的眼球的颜色的遗传也可以说明高豆和矮豆之间的关系。碧眼人同碧眼人婚配,得碧眼子代。褐眼人同褐眼人婚配,如果两者的祖先都是褐眼,也只能产生褐眼子代。如果碧眼人同纯种褐眼人婚配,子女也都是褐眼(图 3)。这一类褐眼的男女如果彼此婚配,其子女会是褐眼和碧眼,成 3∶1 之比。

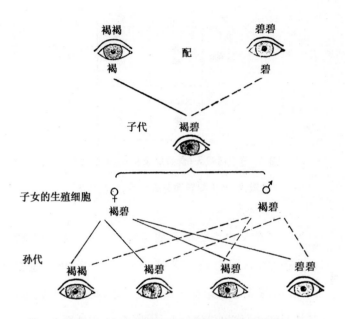

图3 人类褐眼(褐褐)与碧眼(碧碧)的遗传

如果杂种褐眼人(子$_1$褐碧)同碧眼人婚配,所生子女会一半是褐眼,另一半是碧眼(图4)。

卵精子	碧	碧
褐	碧褐	碧褐
碧	碧碧	碧碧

图 4　子₁褐眼人(含碧的杂种)回交隐性型

碧眼人,产生褐眼和碧眼两型,为数各半

另一些杂交也许更能说明孟德尔的第一定律。譬如:红花紫茉莉同白花紫茉莉杂交,杂种都开桃色花(图5)。如果桃色花杂种植株自花受精,则杂交二代中,会有些开红花,像祖代的红花植株;有些开桃色花,和杂种相同;也有些开白花,像祖代的白花植株:三者互成1∶2∶1之比。在本例中,两个红花的生殖细胞结合,恢复原有的一种亲株花色;两个白花的结合,恢复另一种亲株花色;而红花的同白花的结合,或白花的同红花的结合,便会出现杂种的组合。总计第二代全体有色花植株和白花植株之比为3∶1。

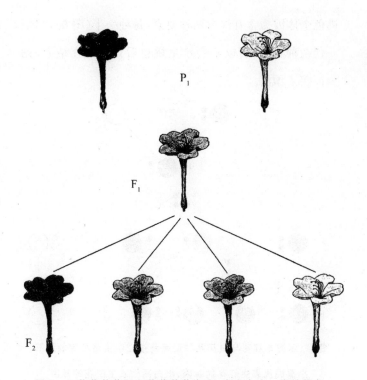

P₁

F₁

F₂

图 5　红花紫茉莉同白花紫茉莉杂交,产生杂交一代的桃色
以及杂交二代的 1 红色、2 桃色、1 白色

这里应该注意两件事:因为杂交二代(子₂)的红花
个体和白花个体分别含有两个红色要素或两个白色要
素(图 6),预料应产生红花或白花后代;至于杂交二代的

桃色个体因为含有红白两种要素,每种一半(图6),和第一代杂种相同,所以不会产生桃色后代。检查结果,完全证实了预测。

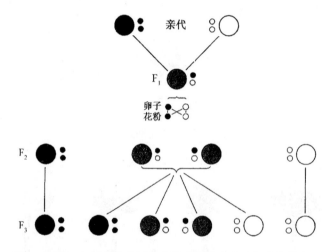

图6 示图5红花与白花两种紫茉莉杂交中生殖细胞的沿革。
小黑圈代表生红花的基因,小白圈代表生白花的基因

以上所有结果仅仅证明在杂种的生殖细胞中,从父方传来的某种东西同从母方传来的某种东西彼此分离。单就这一项证据来说,这些结果也可以解释为红花植株或白花植株的全部性状都是作为一个整体遗传给后代的。

　　但是另一个实验进一步阐明了这一问题。孟德尔用结黄色圆形种子的豌豆植株同结绿色皱形种子的豌豆植株杂交。从另外的杂交里已经知道黄和绿是一对相对性状,它们在第二代中成3:1的比例,圆和皱则构成另一对相对性状。在实验中,子代种子都是黄色圆形(图7)。子代自交,产生黄圆、黄皱、绿圆、绿皱四种个体,互成9:3:3:1的比例。

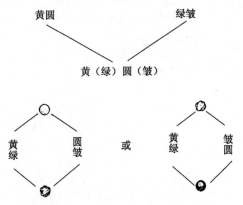

图7　示黄圆豌豆和绿皱豌豆两对孟德尔式性状的遗传。图的下部示子₂四种豌豆,即原有的黄圆和绿皱两型,以及新结合起来的黄皱和绿圆两型

孟德尔指出,如果黄与绿两要素之间的分离以及圆与皱两要素之间的分离,各自独立进行,互不干扰,便能够解释以上的数字结果;杂种的生殖细胞势必分为黄圆、黄皱、绿圆和绿皱四种(图8)。

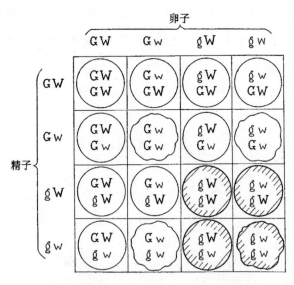

图8 示子₁杂种的四种卵子和四种花粉粒互相结合,产生16种子₂新组合(杂种来自黄圆豌豆同绿皱豌豆的交配)

(图中 G=黄;g=绿;W=圆;w=皱。)

四种胚珠和四种花粉粒如果都有同等的机会受精，那么，就应该有 16 种组合的可能。已知黄是显性而绿是隐性，圆是显性而皱是隐性，那么，16 种组合应该归成四类，互成 9∶3∶3∶1 之比。

这项实验的结果证明，不可能设想在杂种体内，父方的全部生殖质同母方的全部生殖质分离开来。因为原来联合参加杂交的黄和圆，以后在某些情况下，却分开出现。绿和皱的情况也是如此。

孟德尔又证明，三对甚至四对性状参加杂交时，在杂种的生殖细胞里，一对要素和另一对要素可以自由组合。

不论有多少对性状参加杂交，似乎都有理由应用这项结论。就是说，有多少种可能的性状，生殖质内便会有多少独立的成对要素。以后的研究证明，孟德尔的自由组合①第二定律在应用方面是受到限制的，因为许多要素对与对之间并不能自由组合，原来联合在一起的某些

---

① 孟德尔第二定律称为自由组合或自由分配定律，即两对或两对以上的相对基因，在杂种的配子形成中，一对基因的分离并不影响任何其他各对基因的分离，因此，不同对的基因在配子里可以自由组合。——译者注

要素在以后世代中仍然表现联合的趋势。这就是连锁。

连　锁

1900 年重新发现了孟德尔的论文。又过了四年,贝特森和庞尼特(R. C. Punnett)报道他们观察的数字结果,同两独立对的性状所应有数据并不符合。譬如,具有紫色花和长形花粉粒的香豌豆植株同具有红色花和圆形花粉粒的豌豆植株杂交。原来联合参加杂交的两型,在后代中也联合重现,其重现频率多于根据紫红与圆长自由分配所预测的数字(图 9)。他们认为这种结果是由于从父母分别得来的紫长组合同红圆组合彼此排斥所致。现在称这种关系为连锁,即联合参加一次杂交的某些性状在后代里也表现联合的趋势。从消极意义上说,就是一些成对性状的对与对之间的组合并不是由机会来决定。

仅就连锁来说,生殖质的划分似乎有它的限度。例如,我们知道黑腹果蝇 Drosophila melanogaster 所有的四百多种新的突变型只可能归成四个连锁群。

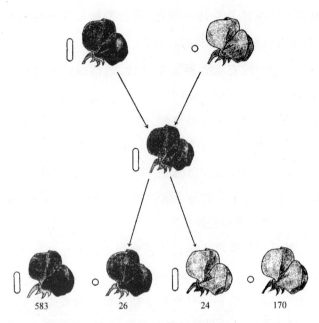

583   26   24   170

图9 紫花、长花粉粒的香豌豆同红花、圆花粉粒的豌豆杂交。

底行示子$_2$的四种个体和它们之间的比例

　　果蝇的四群性状中,有一群性状的遗传,同雌雄性别表现了一定的关系,因而说它们是性连锁的。这类性连锁的突变性状约有一百五十多种。有几种影响眼的颜色;有一些影响眼的形状、大小或小眼分布的规则性。

其他性状或涉及身体的颜色,或关系翅形或翅脉的分布,还有些则影响全身的刺和毛。

第二群约有 120 种连锁性状,包括蝇体各部的变化,但都和第一群的作用不同。

第三群约含 130 种性状,也涉及蝇体的各个部分。这些性状没有一个与以上两群的性状相同。

第四群的性状少,只有三种:一种影响眼的大小,在极端情形下甚至导致整个眼的消失;一种影响两翅的姿态;第三种则影响毛的长短。

现以下例说明连锁性状是如何遗传的。一只雄果蝇具有黑身、紫眼、痕迹翅和翅基斑点四种连锁性状(同属于第二群),使它同具有正常相对性状的野生型雌果蝇杂交(图 10),这只雌蝇具有灰身、红眼、长翅和无斑四种性状。它们的子代都是野生型。如果使子代的雄蝇[①]同具有黑、紫、痕、斑四种隐性性状的雌蝇杂交,孙代只有两种:一半具有四种隐性,和一个祖型相同;另一半为野生型,和另一祖型相同。

---

① 这几种性状在雌蝇里并不完全连锁,所以本例中必须选用雄蝇为材料。

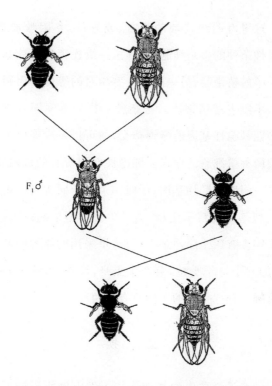

F_1♂

图 10　黑身、紫眼、痕迹翅和斑点四种连锁,隐性性状与野生型
果蝇内的正常等位性①的遗传。子₁雄蝇回交四种隐性的雌蝇。
杂种二代(图最底部)只得出祖父祖母两种组合

————————

　　① 　等位性即是相对性状,例如豌豆的紫花和红花,互为等位性,果
蝇的黑身和灰身也互为等位性;又指位于同对两条染色体上同一位置的
相对基因,这两个基因互为等位性。——译者注

《基因论（学生版）》

这里有两组连锁的相对（或等位）基因参加杂交。当雄性杂种的生殖细胞成熟时，一组连锁的隐性基因进入一半的精细胞，另一组野生型相对的等位基因则进入另一半野生型精细胞。把杂种一代的雄蝇同一只具有纯粹四种隐性基因的雌蝇杂交，便可以发现像以上所记载的两种精细胞的存在。纯隐性雌蝇所有的成熟卵子，各含一组四个隐性基因，任何一个卵子同含有一组显性野生型基因的精子受精，会产生野生型果蝇；任何一个卵子同含有四个隐性基因（与这里采用的雌蝇的基因相同）的一个精子受精，会产生黑身、紫眼、痕迹翅和斑点的果蝇。孙代得到的个体只有这两种。

交　　换

一个连锁群内的基因往往不像上例所说的那样完全连锁。事实上，在同一杂种中的子代雌蝇里，同组隐性性状中有若干性状可同另一组里的若干野生型性状互相交换，不过一组内的基因互相连锁的较多，而同另一组基因互相交换的较少，所以依然可说是连锁的。它们相互间的交换作用则谓之"交换"，也就是说，在相对的两连锁组之间，许多基因可以发生有秩序的交换。了解交换作用对于以后要谈的种种是重要的，所以举出几个例子来说明一下。

一只雄蝇具有黄翅、白眼两种隐性突变性状。使它同一只野生型灰翅、红眼的雌蝇交配，所生的子女都具有灰翅红眼（图11）。再使杂交一代雌蝇同具有黄翅、白眼两个隐性性状的雄蝇交配，便会得出四种孙代个体。两种与祖父母相同，或为黄翅、白眼，或为灰翅、红眼，共占孙代99%。这些联合参加杂交的性状又联合重现的百分率，比根据孟德尔第二定律（自由组合定律）所预测的大得多。此外杂交二代还有其他两种（图11）：一种为黄翅红眼，另一种为灰翅白眼。两者共占孙代1%，称为"交换型"，代表两个连锁群之间的交换作用。

用同样的基因以不同的组合方式也可以做出类似的实验。如果用黄翅红眼的雄蝇同灰翅白眼的雌蝇交配，其杂交一代的雌蝇则为灰翅红眼（图12）。再使杂种雌蝇同具有黄翅白眼两种隐性突变性状的雄蝇交配，便产生了四种果蝇。两种与祖父母相同，共占孙代99%。另两种都是新的组合，或称交换型：一为黄翅白眼，一为灰翅红眼，共占杂交二代的1%。

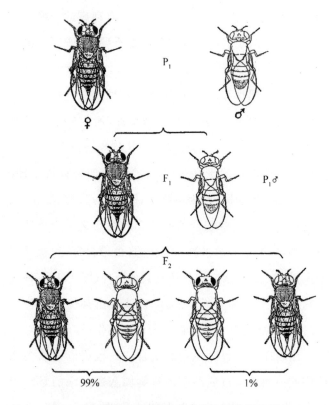

**图 11　两个连锁的隐性性状黄翅白眼与其正常的
等位性状灰翅红眼的遗传**

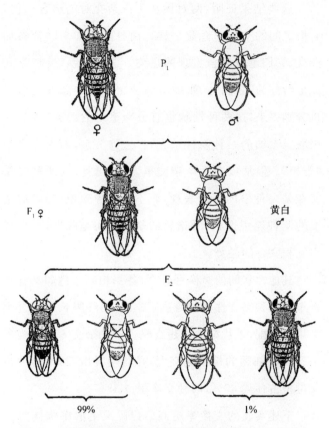

图 12 两个连锁性状与图 11 中的相同,但结合方式相反,

(即红眼黄翅和白眼灰翅)的遗传

这些结果证明：两对性状不论杂交时的组合如何，它们之间的交换率总是一样。两种隐性如果联合参加杂交，它们也有联合重现的趋势。这种关系，贝特森和庞尼特称为"联偶"。如果参加杂交的两种隐性是由父母分别得来，这两种性状也有分别重现的趋势（各与原来联合参加的一种隐性结合）。这种关系，两人称之为"推拒"。但从以上两个杂交里，显然可见，这两种关系实在是一件事的不同表现，而不是两种现象，即参加杂交的两种连锁性状，不论它们是显性还是隐性，总表现出互相联合的趋势。

其他性状间的交换百分率，各不相同。例如具有白眼细翅两种突变性状的雄蝇（图13）同红眼长翅的野生型果蝇交配，子代都为长翅红眼。再以杂交一代雌蝇同一只白眼细翅的雄果蝇交配，孙代便得出四种：两种祖父母型占孙代67%，两种交换型占33%。

下述实验的交换率更高。白眼叉毛的雄蝇同野生型雌蝇交配（图14），子代都为红眼直毛。再使杂交一代雌蝇同白眼叉毛的雄蝇交配，便产生四种个体。祖父母型共占孙代60%，交换型共占40%。

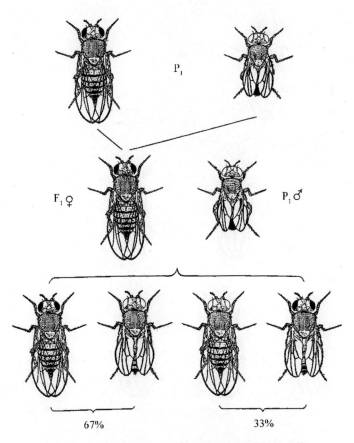

图 13 白眼细翅与红眼长翅两种性连锁性状的遗传

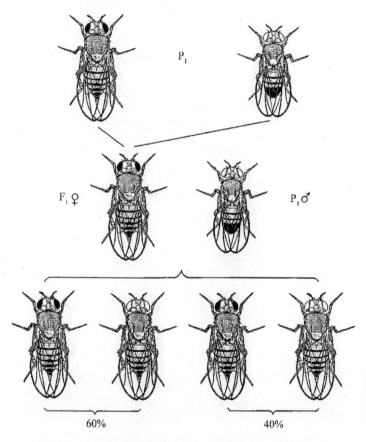

P₁

F₁♀

P₁♂

60%

40%

图 14 白眼叉毛与红眼直毛两种性连锁性状的遗传

关于交换的研究证明了一切可能的交换百分率都有,高者约达 50%。如果发生的交换确为 50%,则其数字结果将和自由组合发生时的数字相同。这样,两种性状虽然同在一个连锁群内,也不会看出它们之间的连锁关系。不过两者同属于一群的关系还是能够从各自与同一群内第三性状的共同的连锁关系来证明。如果看到的交换率在 50% 以上,则交换型组合便会多于祖父母型,而表现为一种颠倒的连锁了。

雌果蝇内的交换往往低于 50%。这是由于一种称为双交换的现象所致。双交换的意义就是参加杂交的两对基因之间,发生了两处交换。一处交换所产生的影响被第二交换所抵消,结果,所觉察到的交换次数便降低了。这一点在下面加以解释。

许多基因在交换中同时交换

在以上的交换例子里,只研究了两对性状,并仅仅以参加杂交的两对基因之间只有一次交换的证据为根据。如果要了解别处(即连锁群内其他部分)发生了多

基因论（学生版）

少处交换，就必须涉及全群范围内的其他成对性状。例如，一只雌蝇具有第一群的九种性状，即盾板、多棘、缺横脉、截翅、黄褐、朱眼、石榴石、叉毛和短毛；使之同野生型雄蝇杂交，杂种一代的雌蝇（图15）又回交同样的九种隐性型，孙代中会出现各种各样的交换。如果在两群中心附近（介于朱眼和石榴石之间）发生交换，结果会两个半截整段地交换（如图16）。

图 15　示两个等位群的连锁基因。

上行为九种性连锁隐性基因的大概位置。

下行为正常等位基因

图 16　示石榴石与朱眼之间的交换，即图 15 两群中央的附近

在其他情形下，交换也可以发生在某一端的附近（如介于多棘和缺横脉之间）。如果像图 17 所表示的那样，两组之间只有很短的两段彼此交换。每逢交换，都发生了同样的过程，即互相交换的，总是整组的基因，虽然一般看到的仅仅是交换点两侧的基因。

图 17　示多棘与缺横脉之间进行的交换，即图 15 中靠近两群的左端

在两个不同平面上同时发生交换时（图 18），参加的基因也是很多的。例如，以上两组之间，如果截翅和黄褐之间发生一起交换，石榴石和叉毛之间发生另一起交换，那么，两组的中段上的所有基因都会同时交换。两组的两端既然同以前一样，如果没有中间一段的突变基因作为标志，则以上两处发生交换的事实便会觉察不出了。

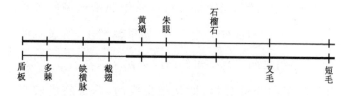

图18 图 15 中两基因群进行了双交换。截翅与黄褐
之间有一次交换,石榴石与叉毛之间另有一次交换

基因的直线排列

不言而喻,两对基因相距愈近,交换的机会愈小,相
距愈远,交换的机会相应也愈大。利用这项关系可以求
出任何两对要素相互间的距离。根据这种知识便能制出
每一连锁群内许多要素相对位置的图表。果蝇的各连锁
群都已经制成了图表。这样的图表(如图 19),仅仅表示
已经研究出来了的结果。

各种性状左侧的数字代表"图距"(就是根据性状之
间的交换率推论出来的基因之间的距离。)

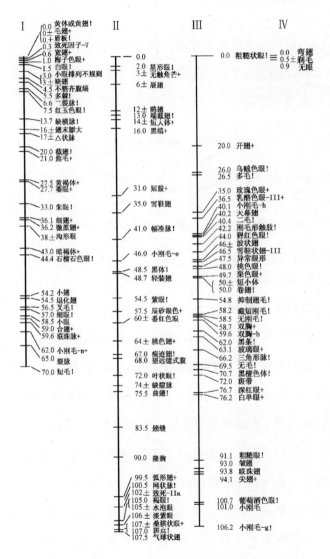

图 19　黑腹果蝇Ⅰ、Ⅱ、Ⅲ、Ⅳ四群连锁基因的图表

以上关于连锁和交换的例子里，都认为基因连接成直线，好像线上的联珠。事实上，从交换得到的数据证明，只有如下例(图 20)的排列，才能同所得到的结果一致。

图 20　示黄翅、白眼、二裂脉三个性连锁基因的直线排列

假设黄翅和白眼之间的交换率为 1.2%，如果我们测验白眼和同组第三基因二裂脉之间的交换为 3.5%(图 20)，如果二裂脉和白眼同在一条直线上面，并位于白眼的下侧，则二裂脉和黄眼之间，预期可得 4.7%的交换率。如果二裂脉位于白与黄之间，则二裂脉和黄眼之间的互换，预期可得 2.3%。事实上所得到的结果为 4.7，所以我们把二裂脉排在图中白眼的下端。每逢一种新性状和同一连锁群内其他两种性状比较，总是得出这样的结果。新性状和已知的其他两个因子之间的任一交换值为其他两个交换值的和或差。这便是我们所熟知的直线上各点之间的关系；因为现在还没有发现任何其他空间关系可以满足这些条件。

基　因　论

现在我们有根据来叙述基因论如下：

基因论认为个体上的种种性状都起源于生殖质内的成对的要素（基因），这些基因互相联合，组成一定数目的连锁群；认为生殖细胞成熟时，每一对的两个基因依孟德尔第一定律而彼此分离，于是每个生殖细胞只含一组基因；认为不同连锁群内的基因依孟德尔第二定律而自由组合；认为两个相对连锁群的基因之间有时也发生有秩序的交换；并且认为交换频率证明了每个连锁群内诸要素的直线排列，也证明了诸要素的相对位置。

我把这些原理冒昧地统称为基因论。这些原理使我们在最严格的数字基础上研究遗传学问题，又容许我们以很大的准确性来预测在任何一定情形下将会发生什么事件。在这几方面，基因论完全满足了一个科学理论的必要条件。

遗传粒子理论
Particulate Theories of Heredity

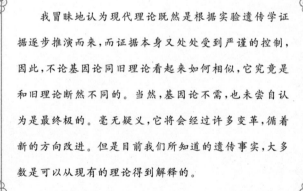

我冒昧地认为现代理论既然是根据实验遗传学证据逐步推演而来，而证据本身又处处受到严谨的控制，因此，不论基因论同旧理论看起来如何相似，它究竟是和旧理论断然不同的。当然，基因论不需，也未尝自认为是最终极的。毫无疑义，它将会经过许多变革，循着新的方向改进。但是目前我们所知道的遗传事实，大多数是可以从现有的理论得到解释的。

　　从第1章的证据引出一项结论：生殖质里有遗传单元，在上下各世代中，以各种不同的程度独立分配。更确切些说，就是两个杂交个体的性状在以后世代里独立重现，这件事是能够用生殖质内的独立单元这一理论来解释的。

　　这些性状为基因论提供了资料，而性状本身又源于所假设的基因；从基因到性状，则属于胚胎发育的全部范围。这里所表述的基因论并没有谈到基因同其最后产物即性状如何联系。这方面知识的贫乏，并不是说它对于遗传学不重要。明确基因对于发育中的个体如何发生影响，毫无疑义地将会使我们对于遗传的认识进一步加深，对于目前不了解的许多现象也多半会有所阐明。但是事实仍然是，目前不涉及基因如何影响发育过程，也能够解释基因在上下各世代间的分布。

　　不过以上的论点里有一项基本假设：即发育过程严格遵循因果定律。一个基因发生一种变化，对发育过程也就会产生一定效果，影响到以后该个体某个时期中出现的一种或多种性状。在这种意义上，基因论不必解释基因和性状之间的因果过程的性质，也可以成立。有人没有认清这种关系，于是提出了一些对基因论不必要的批评。

例如，有人说：假设生殖质内有看不见的要素实在并没有说明什么，因为它给各个要素的特性，正是它要提出来说明的特性。但是事实上，所给基因的特性，仅仅是从个体所提供的数据中推论出来的。这种批评之所以产生，像其他类似的批评一样，是由于把遗传学问题和发育问题混为一谈所致。

这理论也受到了不公正的批评，批评的根据是机体为一个理化机制，而基因论却不能说明其中的机制。但是基因论所仅有的假设：如基因的相对恒定性、基因本身繁殖的性质、在生殖细胞成熟期内基因相互间的离合，没有一项不是符合于理化原理的。的确，这些事件里的理化过程虽然未能明白提出说明，但是至少都关系到生物界中我们所习见的一些现象。

由于不了解孟德尔理论所依据的证据，以及不认识该理论同过去其他关系遗传和发育的粒子假说在方法上的区别，也产生了另一些批评。这一类的粒子假说是相当多的，所以生物学家根据自己的经验，对于不可见的粒子的任何假说都有些怀疑。现在简短地检查以前的几个臆说，对于新旧方法上的区别可能有所阐明。①

1863年，斯宾塞（Herbert Spencer）提出了生理单元论，假设每一种动物和植物都是由各物种所同具的基本单元组成。这些单元据说比蛋白质分子大，结构也比较复杂。斯宾塞理论的理由之一，是机体的任何部分在某些例子里可以再度产生一个整体。卵子和精子便是机体这种整体的断片。至于个体形态上的差异则模糊地认为是由身体不同部分中要素的"极性"或某种晶状排列所造成的。

斯宾塞的理论是纯粹的臆想。它所根据的证据是部分可以产生同样的新整体，由此又推论机体的所有部分都含有可以发育成新整体的一种物质。这虽然有部分的正确性，但不能因此就认为整体必须由一种单元组成。现在我们在解释部分能发育成新整体时也必须假定每一个这样的部分都含有构成一个新整体的诸要素，

---

① 在德拉格（Y. Delage）的遗传学和魏斯曼的种质论中对于以前各种学说做了详细的讨论。

不过这些要素可以各不相同,它们是身体上分化的根源。只要有一个整组的单元,就有可能具备产生新整体的能力。

1868年,达尔文提出了泛生说,假定有很多不同的、不可见的粒子。这些代表性微粒称为芽体,从身体的各部分不断放出;到达生殖细胞里的粒子和原有的诸遗传单元一道参加了生殖细胞的组成。

泛生说主要是说明获得性如何传递。亲体上的特种变化如果传递到后代,就会需要这一类的理论,身体上的变化如果不传递,也就用不着这类理论了。

1883年,魏斯曼抨击这项传递理论,认为获得性遗传的证据还是不够充分的。许多生物学家,但不是所有的生物学家,承认魏斯曼这种见解。魏斯曼由此发展了他的种质独立论:卵子不仅产生一个新个体,而且也产生了像自己一样的其他卵子,寄居在新个体里面。卵子产生新个体,但个体除保护和滋养其里面的卵子外,对于卵子内的种质并没有别的影响。

魏斯曼从此开始发展了代表性要素的粒子遗传理论。他引用了变异方面的证据,并且引申了他的理论,对胚胎发育作出了纯粹形式的解释。

首先,我们注意到魏斯曼对于他所称为"遗子"的遗传要素的性质有什么看法。在他的晚期著作里,当许多小染色体存在时,他便把小染色体当成遗子;如果只有几条染色体时,他便假定每一条是由几个或许多个遗子组成的。每一个遗子含有个体发育所必需的全部要素。每一个遗子是一个微观宇宙。遗子互不相同,因为它们代表着互不相同的祖代个体或种质。

遗子各种不同的组合,引起了动物中的个体变异。这些组合又是卵子和精子结合的结果。如果遗子在生殖细胞成熟时不是减少一半的话,遗子的数目便会增加到无限大了。

魏斯曼又拟定了一项周密的胚胎发育理论,其所根据的观念是,随着卵子的分裂,遗子也分解成愈来愈小的成分,直到身体上每一种细胞都含有遗子分裂到最后的一种成分——称为定子。在预定为生殖细胞的细胞内,遗子不发生分解,因此才有种质和遗子群的连续性。魏斯曼的理论在胚胎发育方面的应用已经超过了现代遗传理论的范围;现代遗传理论或者漠视发育过程,或者假设一个恰恰和魏斯曼相反的见解,认为在身体上的每一个细胞内存在着整个遗传的复合体。

由此可见,为了说明变异,魏斯曼在他的巧妙的臆想里引证了一些和我们今日所采用的同类的过程,他相信变异是双亲的单元重新联合的结果。在精子和卵子成熟过程中,单元减少了一半。单元各为一个整体,各代表一个祖先阶段。

种质独立和连续概念的建立,大部分归功于魏斯曼。当时,获得性遗传理论把有关遗传的一切问题久已弄得漆黑一团。魏斯曼抨击拉马克学说,在澄清思想上,做出了很大的贡献。魏斯曼的论述把遗传同细胞学的密切关系,提到显著地位,无疑也是重要的。我们现在从染色体的结构和行动方面来解释遗传的这种尝试,究竟受到魏斯曼卓越思想多大的影响是不容易估计到的。

这些臆说以及其他更早的臆说,目前只有历史上的意义,不足以代表现代基因论发展的主要路线。基因论成立的根据在于它所凭借的方法,以及在于它能够预测出特别精确的数字结果。

　　我冒昧地认为现代理论既然是根据实验遗传学证据逐步推演而来,而证据本身又处处受到严谨的控制,因此,不论基因论同旧理论看来如何相似,它究竟是和旧理论断然不同的。当然,基因论不需,也未尝自认为是最终极的。毫无疑义,它将会经过许多变革,循着新的方向改进。但是目前我们所知道的遗传事实,大多数是可以从现有的理论得到解释的。

遗传的机制
The Mechanism of Heredity

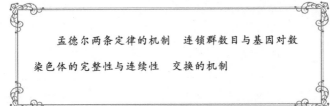

孟德尔两条定律的机制　连锁群数目与基因对数

染色体的完整性与连续性　交换的机制

第 1 章①最后所谈到的基因论是由纯粹数据推演得来，并没有考虑在动物或植物体内是否有任何已知的或假定的变化，能按照所拟定的方法来促成基因的分布。不论基因论在这方面如何满意，基因在生物体内究竟如何进行其有秩序的重新分配，仍会是生物学家力求发现的一个目标。

在 19 世纪末到 20 世纪初这几十年内，从研究卵子和精子最后成熟时的种种变化里，发现了一系列的重要事实，对提供遗传机制方面有很大的进展。

在体细胞和早期生殖细胞里，已经发现了双组染色体。这种双重性的证据是从观察大小不同的染色体得来。只要染色体上有了可以辨认的差异，便会看到每一类的染色体在体细胞内总是两条，而在成熟的生殖细胞内却只有一条；又证明每类染色体中，一条来自父方，另一条来自母方。染色体群的双重性，现在是细胞学中最确定的事实之一。只有性染色体才有时出现唯一明显的例外。但就在这里，雌性或雄性一方仍然保持着双重性；雌雄两性同具双重性的也常常有之。

---

① 指原书的第 1 章。——编辑注

孟德尔两条定律的机制

到了生殖细胞的成熟末期,同体积的两条染色体接合成对。随后细胞分裂,每对的两条染色体各自进入一个细胞。因此,每个成熟的生殖细胞只能得到一组染色体(图 21,22)。

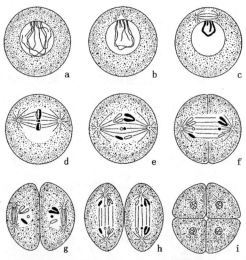

图 21 示精细胞两次成熟分裂。每一细胞假定含三对染色体;

黑色代表来自父方的染色体,白色代表来自母方的染色体

(a、b、c 除外),图 d、e、f 示第一次成熟分裂为减数分裂。图 g、h 示

第二次成熟分裂或"均等分裂",这时每条染色体纵裂为两条新染色体

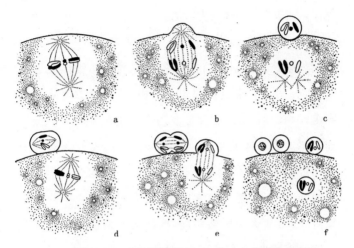

图22 示卵子的两次成熟分裂。a示第一次分裂的纺锤体；

b示来自父方和母方的染色体互相分离(减数分裂)；

c示第一极体已经分出；d示第二次成熟分裂的纺锤体，

每条染色体纵裂为二(均等分裂)；e示第二极体已经形成；

f示卵细胞核只有半数的子染色体(单倍)

　　染色体在成熟时期内的行动,同孟德尔第一定律平行。每对染色体中,来自父方的染色体同来自母方的染色体分离。结果在每个生殖细胞内每一类的染色体只有一条。就每一对染色体来说,成熟以后半数的生殖细胞含每一对的某一条染色体,另一半则含各该对的另一条染色体。如果把染色体改为孟德尔单元,措辞依然是一样的。

每一对染色体中,有一条来自父方,另一条来自母方。如果这种成对接合的染色体排列在纺锤体上面以后,所有父方的染色体都走入一极,所有母方的染色体则走入相反的一极,这样形成的两个生殖细胞势必分别和父体的或母体的生殖细胞相同。我们没有先验理由来假定接合染色体会依照这个方式行动,但要证明它们不这样行动,也感到非常困难,因为正在接合中的两条染色体,形状大小既然相同,要把父方染色体和母方染色体分辨开来,一般是不可能做到的。

不过,近年来已经发现了在少数蚱蜢的某些成对的两条染色体之间,在形状上以及同纺锤丝联系的方式上,有时表现轻微的差异(图23)。当生殖细胞成熟时,这些染色体首先两两接合,然后分离。由于染色体保持它们各自的差异,所以能够查明它们进入两极的踪迹。

在这几种蚱蜢里,雄虫有一条不成对的染色体,同雌雄性别的决定有关(图23)。当成熟分裂时,这条染色体只能进入纺锤体的一极,它可以作为其他成对染色体行动方向的标志。卡洛瑟斯(Carothers)女士首先观察了这一事实。她看到有一对一直一曲的染色体,根据每一条染色体和性染色体的关系来看,它可以向任何一极分离开来。

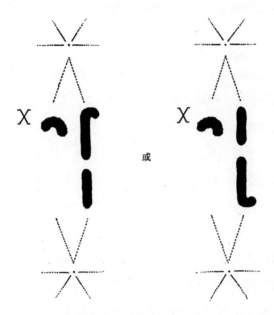

图 23　示一对常染色体和 X 染色体自由组合(仿 Carothers)

进一步研究,发现在某些个体内其他几对染色体也表现一定的差异。研究这些染色体在成熟时期的行动,证明任何一对染色体向两极分布的方向同其他各对染色体的分布方向互不相关。从这里我们有了关于异对染色体相互间自由组合的客观的证据。这项证据同孟德尔关于不同连锁群的基因自由分配的第二定律平行。

连锁群数目与基因对数

遗传理论证明遗传要素连锁成群，而且有一个例子，已经确定连锁群的数目一定不变；其他几种生物也可能如此。果蝇只有四群连锁性状和四对染色体。香豌豆有七对染色体(图24)，庞尼特发现大致有七个独立对的孟德尔式性状。怀特(White)报道食用豌豆也有七对染色体(图24)和七个独立对染色体，也发现了几群连锁基因。金鱼草有16对染色体，独立的基因群数同染色体的对数接近。其他动物和植物的连锁基因也有过报道，但却总是少于染色体的对数。

到目前为止，自由组合的基因对数多于染色体的对数的例子还没有一个。这一事实就当前来说也是支持连锁群数和染色体对数符合一说的另一证据。

食用豌豆　　　　香豌豆

玉蜀黍

图24　减数分裂后的染色体数值。食用豌豆的单倍数＝7；
香豌豆单倍数＝7；玉蜀黍①单倍数＝10 或 12？

染色体的完整性与连续性

染色体的完整性或其在前后各世代间的连续性，对于染色体理论也是重要的。细胞学家公认，当染色体在原生质内游离出来的时候，它们经历了细胞的整个分裂时期而依然保持完整，不过当它们吸收液汁，联合组成静止核时，它们的存在便无法认出来了。但是采用间接

---

①　俗名玉米。——编辑注

方法,对于静止期内染色体的情况已经可能找到一些证据。

在每次细胞分裂以后,染色体化为液泡,联合形成新的静止核。它们形成了新核内的各个分隔开的小泡,这时还能够追踪一些。以后,染色体失去了受染的性能,再不能被分辨出来。到染色体快要再度重现的时候,又可以看到囊状小体。这项事实如果还不能证实,至少是提示了:静止期内的染色体仍然是占有它们的原来位置的。

据博维里(Boveri)的研究:当蛔虫卵子分裂时,同一对的两条子染色体按照同一方式分离开来,并且往往显出特殊的形状(图25)。当子细胞下次分裂,而子细胞的染色体快要再度出现时,染色体在细胞内依然有着类似的排列。结论是清楚的。各该染色体在静止核内仍然维持其入核时所具有的形状。这项证据支持下一论点:染色体并没有先化为溶液、然后再度形成,而是始终保持它们的完整性。

最后,又有这样的情况:由于染色体数目加倍,或者由于染色体数目不同的两种生物的杂交,引起了染色体数目的增加。每类染色体可以有三四条之多,并且一般

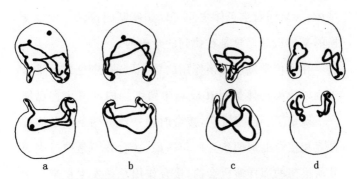

图 25　蛔虫的四对子细胞(上下两头)的细胞核内,

子染色体在静止核中出现时的位置(仿 Boveri)

能在以后所有的分裂中维持同样的数值。

总的说来,细胞学证据虽然不会完全证实染色体在其历史中的完整性,但至少是有利于这项观点的。

但是,对于上文必须加上一项重要的限制:遗传学证明显地证明,在同对的两条染色体上,若干部分有时发生有秩序的交换。是否有细胞学证据来启示这种交换呢? 在这一点上,问题就多了一些。

交换的机制

如果像其他证据所明确证明的,染色体是基因的携带体,如果同对染色体之间可以交换基因,那么,发生交换的某种机制迟早是有找到的希望的。

在遗传学发现交换作用的数年以前,染色体的接合过程以及染色体数目在成熟生殖细胞内的减少都已经完全确定了。已经证实,接合时同一对的两条染色体就是互相接合的那两条。换句话说,接合并不是像过去记载所推想的那样碰机会的,接合作用总是发生在来自父方和母方的两条特殊染色体之间。

还可以补上另一事实:接合之所以发生是由于同对两染色体都是同一类的,而不是因为他们分别来自雄体和雌体。这一点已从两方面得到证明。首先,在雌雄同体的生物自体受精以后,每一对的两条染色体虽然由同一个体得来,但两者仍然同样接合。其次,在个别例子里,同对的两条染色体虽然由同一卵子得来,但是既然发生了交换,那么可以假定它们已有过接合。

染色体接合的细胞学证据,对于交换机制提供了初步的说明,因为每对的两条染色体如果整条并列,宛如成对基因两两并列似的,这种位置虽然可以引起相对两段之间的有秩序的交换,但是不能由此断定,染色体并列的结果一定会发生交换。事实上,根据连锁群内交换的研究,例如果蝇的性连锁基因群(这里有足够的基因,对于连锁组内的变化情况可以提供全面的证据),可知卵子内该对两染色体之间绝无交换的约占 43.5％,有一处交换的占 43％,有两处交换(双交换)的约占 13％,有三处交换的约占 0.5％。雄蝇完全不发生交换。

　　1909 年,简森斯(Janssens)详细报道了他所称为的交叉型,这里不谈简森斯研究的详细情节,只需提到他相信他所提出的证据可以证明一对互相接合的两染色体之间有着整段的交换,这种交换可追溯到两条互相接合的染色体在早期中互相缠绕上去(图 26)。

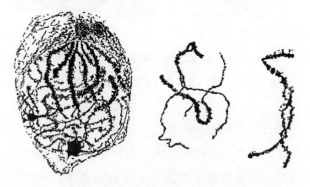

图 26　*Batrachoseps* 中染色体的接合作用。中间的一图提示在两条染色体中间有一条以两根细丝互相缠绕(仿 Janssens)

可惜,在成熟分裂中,染色体互相缠绕时期比任何时期引起了更多的争论。就事件性质而言,即使承认染色体互相缠绕,实际上也不能证实它真能引起遗传学证据所要求的那种交换作用。

图 27　示 *Batrachoseps* 染色体呈粗丝形状,已达互相缠绕的晚期,恰在染色体进入第一次成熟分裂的纺锤体以前(仿 Janssens)

染色体互相缠绕的图已经发表了许多。但这种证据在某些方面太难使人信服。例如,最熟悉最确定的有明显缠绕的时期便是当接合成对的染色体短缩准备进入纺锤体赤道面的时期(图 27)。这一时期的互相缠绕通常被解释为同两条接合染色体的短缩有某种联系。

从这些图看来,一点也不能证明这会引起交换。这一类的例子中虽然有一些例子可能是早期缠绕的结果,但是螺旋状态的继续存在更显示并没有发生交换,因为交换会引起缠绕的消失。

如果我们再翻阅一下分裂早期的图,便可以看到细丝(细丝时期)似乎是互相缠绕(图 28b),不过这项解释还有问题。在这么纤细的细丝上,要决定两者在各个接触点上谁上谁下,事实上是极端困难的。加以细丝须在凝固状态下才能染色供显微镜下观察之用,这种凝固状态,更大大地增加了观察上的困难。

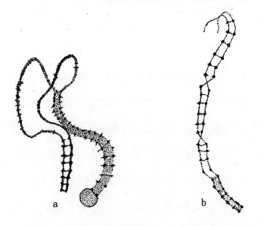

图 28　**涡虫的一对染色体互相接合。a 示两条细丝彼此靠拢。**

b 示两接合丝在两个平面上交叉(仿 Gelei)

最接近于证实细丝缠绕的，是那些从一端（或从曲形染色体的两端）开始接合，以后逐渐进展到另一端（或向曲形染色体的中部）的切片。其中也许以 *Batrachoseps*（两栖类）精细胞的切片最引人注意（图 26），但 *Tomopteris* 图也几乎或完全同样良好。涡虫卵子图（图 28）也十分可信。至少有一些图给人一种印象，认为两丝靠拢时在一处或数处彼此重叠，不过这一印象还不足以证明两丝之间除在某平面上表现交叉外另有其他关系。也不能由此认为两丝重叠之处一定会发生交换。不过，我们虽然必须承认细胞学方面未能证实交换，就情况性质来说，事实上也非常难于证明。但在若干例子里，已经证明了染色体接合时的位置很容易使人假定交换的发生。

因此，细胞学家对于染色体的描述，在某种程度上满足了遗传学的要求。如果回忆这一事实，即许多细胞学证据是在发现孟德尔论文以前早已找到的，其中没有一项研究的进行带有遗传学的成见，而是完全独立，同遗传学家的研究无关，那么，这些关系似乎不会只是偶然的巧合，而毋宁说是细胞学家已经发现了遗传机制里的许多重要部分；遗传要素依孟德尔两个定律分配以及同对染色体间有秩序地交换，就是通过这种机制来进行的。

染色体与基因
Chromosomes and Genes

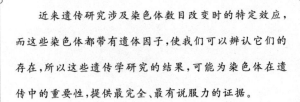

近来遗传研究涉及染色体数目改变时的特定效应，而这些染色体都带有遗体因子，使我们可以辨认它们的存在，所以这些遗传学研究的结果，可能为染色体在遗传中的重要性，提供最完全、最有说服力的证据。

染色体所经过的一系列行动为遗传理论提供了机制,除此之外还积累了其他方面的证据,来支持染色体上带有遗传要素或基因这个观点。这种证据每年都在加强。证据是从几个方面得来的。最早一个证据是从雌雄两方遗传平等的发现中得出的。雄性动物通常只贡献精子的头部,头内几乎完全是由染色质密集而成的胞核。卵子虽然供给了未来胚胎的所有可见的原生质,但是,除了发育的最初阶段决定于母方染色体影响下的卵子原生质以外,卵子对于发育并没有什么优势影响。尽管有这点初期的影响,可是以后的发育阶段和成体方面却没有表现出母方影响的优势,而且连这点初期的影响也完全是受了以前母方染色体的影响的。

父母双方影响的证据本身还是没有说服力的,因为这里涉及了显微镜下所不能看到的要素,因此,人们也许认为精子供给未来胚胎的,除染色体以外,还有别的物质。事实上,近年来已经证明了精子可以把可见的原生质要素——中心体,带给卵子。不过中心体对于发育过程是否有任何特殊影响,却没有得到证实。

另一方面的事实也表现了染色体的重要性。两条(或两条以上)精子同时进入卵子,由此得到的三组染色体,在卵子第一次分裂时零乱地分布着。这样便形成了四个细胞,而不是像正常发育中形成两个细胞那样。详细研究这一类的卵子,同时也研究四细胞被分开以后各个细胞的发育情况,证明没有整组的染色体,也就没有正常发育。至少这是研究结果的最合理的解释。但是在这些例子里,染色体上面没有标记,所以这个证据最多也不过创立一种假说,就是至少必须有一整组的染色体。

最近,从其他方面获得了支持这一解释的证据。例如,已经证明,单单一组染色体(单倍)便能够产生一个和正常型大致相同的个体,不过这项证据也指出了单倍型个体不像同一物种的正常双倍型那么健壮。这种差别,一方面可能决定于染色体以外的其他因素,但就目前情形而论,双组染色体优于单组染色体的假说,仍然是成立的。另一方面,在藓类生活史的单倍体时期,如果用人工方法把单倍体转化为二倍体也看不出什么好处。再次,人造四倍体中的四组染色体是否比普通二倍染色更为有利,尚有待于证明。因此,我们在比较1组、2组、3组或4组染色体的优劣时,必须谨慎从事,特别是当发育机制业经适应了的正常染色体组内有几条的增减,从而突然造成一种不自然的状态的时候。

　　近来遗传研究涉及染色体数目改变时的特定效应，而这些染色体都带有遗体因子，使我们可以辨认它们的存在，所以这些遗传学研究的结果，可能为染色体在遗传中的重要性，提供最完全、最有说服力的证据。

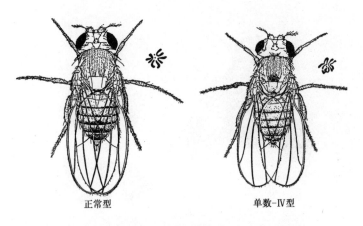

正常型　　　　　　　　　单数-Ⅳ型

图29　黑腹果蝇的正常型和单数-Ⅳ型。各型果蝇的右上端附有各该型的染色体群

　　果蝇里一条微小的第四染色体(染色体-Ⅳ型)的增减，便是这样的一个证据(图29)。利用遗传学方法和细胞学方法，都证明了在一个生殖细胞内(精子或卵子)，有时损失了一条第四染色体。缺少这一条染色体的卵子，同正常的精子受精，受精卵只含一条第四染色体。

卵子发育成蝇[单数-Ⅳ（或单数第四染色体）]后,在身体的许多部分上,和正常蝇稍有不同。

结果证明:第四染色体缺少一条时,尽管有了另一条第四染色体,也会发生一些特定的效应。

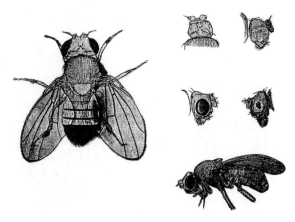

图 30 黑腹果蝇第四连锁群的性状。左侧示弯翅;右上角示无眼的四个蝇头:一个为背面观,三个为侧面观;右下角示剃毛

第四染色体上有无眼、弯翅和剃毛三个突变基因(图30),三者同为隐性。单数-Ⅳ雌蝇如果同双倍型无眼雄蝇交配,雄蝇有两条第四染色体(其成熟精子各含一条)。孵化出来的一些后代无眼。检查茧内不能孵化的蛹,可以查出更多的无眼果蝇。无眼果蝇系由缺少第四

染色体的卵子同第四染色体上带有无眼基因的精子受精,产生出来的。如图 31 所示,一半的果蝇应该无眼,但其中大多数不能超过蛹的阶段,就是说,无眼基因有着使个体衰弱的效应,又加上第四染色体缺少一条的影响,所以只有少数存活着。不过这种隐性无眼果蝇在第一代中出现,却证实了第四染色体上带有无眼基因这一解释。

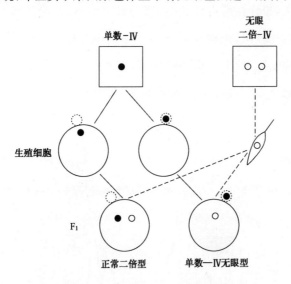

图 31 示正常眼单数-Ⅳ果蝇,同有两条第四染色体(各有一个无眼基因)的无眼果蝇杂交。小白圈代表无眼基因的第四染色体,小黑圈代表正常眼基因的第四染色体

用弯翅剃毛两个突变基因做同样的实验,也得出相同的结果。但杂交一代中孵出的隐性型果蝇,百分数更小,表示这两个基因比无眼基因有着更大的衰弱效应。

有时也发生了具有三条第四染色体的果蝇,是谓"三体第四染色体"果蝇(图 32)。它们在几种或多种性状上,也许在所有性状上,都与野生型不同:眼比较小,体色比较黑,翅幅比较狭小。如果用三体-Ⅳ型同无眼果蝇交配,结果产生两种后代(图 33)。一半为三体-Ⅳ果蝇,一半有正常数量的染色体,如图中所示。

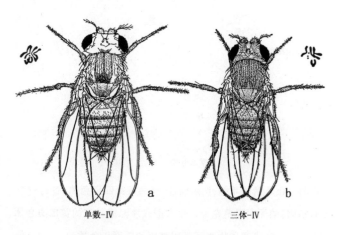

单数-Ⅳ   a   三体-Ⅳ   b

图 32　示黑腹果蝇的单数-Ⅳ型和三体-Ⅳ型。果蝇的左上角和右上角示各种类型的染色体群

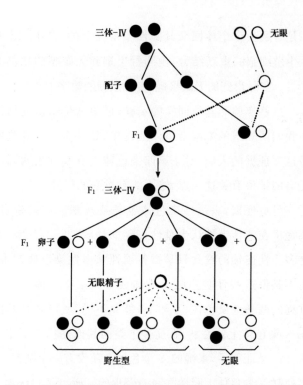

图33　示正常眼的三体-Ⅳ型果蝇,同纯粹无眼的正常二倍体
果蝇杂交。图中下半部示子代的三体-Ⅳ型果蝇(子代卵子代表
它的配子)同二倍体无眼果蝇(圆圈代表"无眼精子")杂交,
产生五种果蝇,其中野生型与无眼型的比例为5∶1

　　取三体第四染色体型果蝇,回交无眼果蝇(原种),预
计应得野生型和无眼型的比例为5∶1(图33下半部),而

不是普通杂合个体回交其隐性型情况下的1：1。图33示生殖细胞的重新结合，预期野生型和无眼型的比例为5：1。实际得到的无眼果蝇，接近预测的数字。

这些实验和其他同样的实验，证明遗传学研究结果和我们所知道的第四染色体的历史，处处符合。凡是熟悉这项证据的人们，对于第四染色体上有某种东西同所观察的结果有关这一点，绝不能有丝毫的怀疑。

另有证据，表示性染色体也是某些基因的携带者。果蝇里在遗传上被认为是性连锁的性状，共计有200种之多。性连锁的意义只是指各项性状由性染色体携带，而不是说这些性状只限于雄体或者只限于雌体。因为雄蝇的两条性染色体（X和Y）彼此不同，所以凡是基因在X染色体上的性状，在遗传上是同其他性状颇不相同的。已经证明了，果蝇的Y染色体上还没有一个基因，能够抑制X染色体上隐性基因的表现的。所以我们认为Y染色体在精子细胞减数分裂时作为X染色体的配偶以外，是无他用的。果蝇中连锁性状的遗传方法，已经在第1章谈过了（图11、图12、图13、图14）。图38示性染色体的传递方法。就这一图加以推敲，可以看到以上性状是随着这一条染色体的分布而分布的。

性染色体有时有过"错误行动"，使我们有机会来研究性连锁遗传上发生了的一些变化。最普通的错乱,是在某一次成熟分裂中卵子的两条 X 染色体没有分离开来。这种作用称为不分离。这样的卵子保留了两条 X 染色体和其他各类染色体各一条。这种卵子如果同一条 Y 精子受精(图 34),会得出一个具有两条 X 和一条

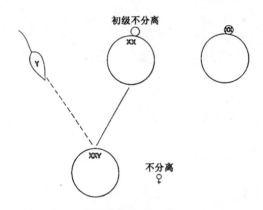

图 34　示 XX 卵子同 Y 精子受精,产生了一个不分离的 XXY 雌体

Y 的个体。当 XXY 雌蝇的卵子成熟时,也就是当染色体进行减数分裂时,两条 X 和一条 Y 分布很不规则,两条 X 或者互相接合(同趋一极),而 Y 则单独趋向另一极;或者一条 X 同 Y 接合,而另一条 X 则自由行动。三条染色体又可能集合一起,然后分离,其中有两条走入成熟分裂中纺锤体的一极,而另一条则走入相反的一

极。在任一种情况下，实际结果都是一致的。预计可以得出四种卵子，如图 35 所示。

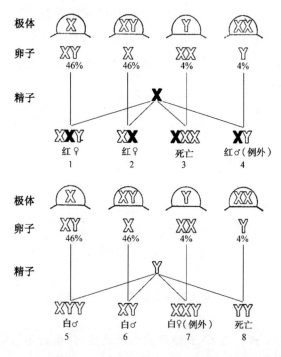

图 35　XXY 卵子的 X 染色体上有一个白眼基因。本图示白眼雌蝇的卵子同红眼雄蝇的精子受精。图的上半部，示雄蝇的红眼X 染色体的精子，同四种可能有的卵子受精；下半部，示同样的四种卵子，同雄蝇的具有 Y 染色体的精子受精

　　雌蝇或雄蝇的 X 染色体上必须有一个或多个隐性基因,便于侦察遗传上的各种变化。例如:如果雌蝇的两条 X 上各有一个白眼基因,雄蝇的 X 上有一个红眼的等位基因,用白色空心字表示白眼 X,用黑色实心字表示红眼 X(图 35),结果会产生图解中(图 35)所示的几种组合。预计可得八种个体,其中 YY 一种,没有一条 X,预料不能存活。事实上,这一类个体从未出现过。第四和第八两种个体在普通白眼(XX)雌蝇同红眼雄蝇受精的情况下,绝对不会发生,但在这里两者却同时出现,同根据 XXY 白眼雌蝇所预测的结果符合。两者经过了遗传学证据方面的鉴定,发现它们具有相当于图中所示的染色体公式。其次,白眼 XXY 雌蝇经过了细胞学上的检查,也证明了在它的细胞里面有两条 X 和一条 Y。

　　此外,预计还有一种含三条 X 染色体的雌蝇,图内指明这种是不能存活的,在大多数情况下确是如此;但也有一二侥幸不死的。该蝇具有某些特征,所以容易被鉴别出来。它行动迟钝,两翅短小,往往不很整齐(图 36),无生殖能力。在显微镜检查下,发现细胞内有三条 X 染色体。

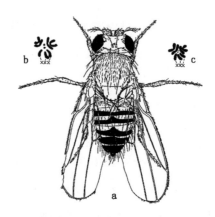

图 36　含有三条 X 的雌蝇(a)。X 染色体三条,其他染色体

(常染色体)各两条(如 b 和 c 所示)

这项证据指出 X 染色体上有性连锁基因一说的正确性。

X 染色体的另一种反常状态也支持上述结论。有一个类型的雌蝇,只有假定其两条 X 染色体互相附着,才能解释它的遗传行动,即在成熟分裂时,卵子内的两条 X 染色体联合行动;或者同留卵内,或者联合排出卵外(图 37)。事实上,经过显微镜下的检查,证明了这种雌蝇的两条 X 各以一端互相附着,也证明了这种雌蝇各含一条 Y 染色体,我们推测这条 Y 是作为附着两染色

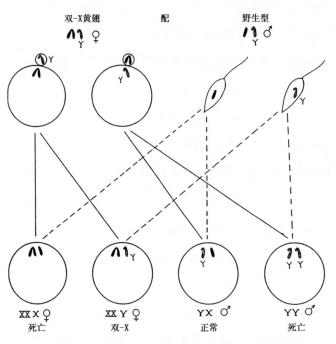

图 37 示相互附着的 **XX** 型黄翅雌蝇(双 X 染色体全涂黑),
它的两种卵子同野生型雄蝇受精。双 X 雌蝇有一条 Y 染色体
(着横线表示,雄蝇的 Y 染色体也用同样符号)。减数分裂后
产生两种卵子(见左上图)。两种卵子同正常(野生型)雄蝇的
两种精子(见右上图)受精,产生图下行的四种个体

体的配偶来行动的。图中指出了这种雌蝇受精后应有的结果。附着的两条 X 染色体上幸好各有一个黄翅隐性基因。因此,当这种雌蝇同野生型灰翅雄蝇交配时,根据这两个黄翅基因的存在,我们便能够踪迹这两条附着 X 的遗传经过。譬如,图中(图 37)示成熟分裂后应得两种卵子:一种保留黄翅的双 X,一种保留 Y 染色体。如果这两种卵子同任何雄蝇受精(但最好选用 X 染色体上有隐性基因的雄蝇),都应该产生四种子蝇,其中两种不能存活。在存活的两种中,一种是黄翅的双 X 雌蝇,和母蝇相同;一种是 XY 雄蝇,因为这条 X 是从父蝇得来的,所以性连锁性状同父蝇一样。

　　如果用含隐性基因的正常雌蝇同另一种雄蝇受精,其结果将与上述结果恰恰相反,这种表面上的矛盾,在两条 X 彼此附着的假说下,立即得到解释。每次检查双 X 雌蝇的细胞,都证明了两条 X 是互相附着的。

突变性状的起源

The Origin of Mutant Characters

进化一定要通过基因上的变化，才能进行。但是这不是说，这些进化性变化和我们所看到的由突变而来的变化是同一个东西。很可能野生型基因自有其不同的起源。事实上，人们默认这项观点，有时还热烈地主张过它。因此，要找出究竟有没有证据支持这一观点，是有重大意义的。

　　现代遗传研究，已经同新性状的起源，密切联系起来。事实上，只是在有成对的相对性状能被追踪的时候，才可能研究孟德尔式遗传。孟德尔在他所采用的商品豌豆里找到了高和矮、黄和绿、圆和皱这一类的相对性状。以后的研究也广泛地采用了这种材料，但有些最好的材料，却是谱系培养中起源比较确定的新型性状。

　　这些新性状大都突然发生，完整无缺，并且像它的原型性状一样的恒定。例如果蝇的白眼突变体，在培养中出现时，只有一只雄蝇。该蝇同普通红眼雌蝇交尾，子代全为红眼（图38）。子代自交，下一代有红眼和白眼两种个体。所有的白眼个体都是雄蝇。

　　孙代白眼雄蝇，与同一世代里的红眼雌蝇交配，其中有些产生同样数目的白眼果蝇和红眼果蝇，每种雌雄各半。这些白眼果蝇自交，便产生纯粹的白眼原种。

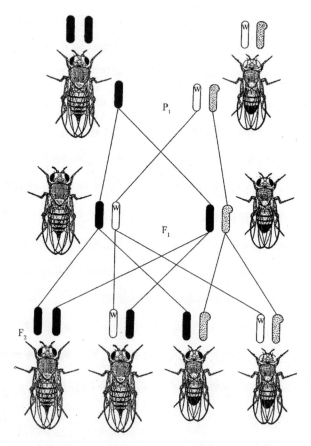

图38 黑腹果蝇白眼的性连锁遗传。白眼雄蝇同红眼雌蝇交配。
载有红眼基因的 X 染色体,用黑棒代表;载有白眼基因的 X 染色体,
用白棒代表;染色体上的白眼基因则用白字代表;Y 染色体上着细点

我们按照孟德尔第一定律解释以上实验结果,假设生殖质内有产生红眼和产生白眼的两种要素(或基因)。两者表现了一对相对要素的行动,在杂种的卵子和精子成熟时互相分离。

必须注意,这个学说并不认为白眼基因单独产生白眼。它仅仅是说,由于这一个变化,整个物质才产生了一种不同的最后产物。事实上,这项变化不仅影响了蝇眼,而且也同样影响了身体上的其他部分。红眼果蝇的精巢膜原带绿色,在白眼果蝇里则变为无色。白眼果蝇比红眼果蝇行动迟钝,寿命较短。生殖质内某一部分发生了变化,身体上的许多部分也大半会受到影响。

在自然界中出现的浅色或白色的 *Abraxas* 蛾,一般属于雌性。浅色突变型雌蛾同黑色野生型雄蛾交配(图39)其子代与黑色野生型相同。

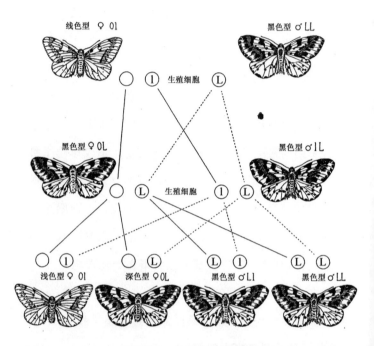

图39　示 *Abraxas* 浅色型(lacticolor)同普通黑色型(grossulariata)
的杂交。有 L 的圆圈，表示载有黑色基因的性染色体；有 l 的圆圈，
表示载有浅色基因的染色体；无字的圆圈，表示雌蛾所独有的
W-染色体

　　以上两种突变性状,对野生型的相应性状呈隐性作用,但也有其他突变性状呈显性作用的。例如 Lobe^2 眼的特征,在于眼的特殊形状和大小(图 40)。原来只出现了一只果蝇。其子代的一半,显出同样的性状。在突变型的父体或母体内,有一条第二染色体上的一个基因一定发生了变化。含有这个基因的生殖细胞,在受精中,同含有正常基因的生殖细胞会合,于是发生了第一个突变体。因此,第一个个体是一个杂种或杂合子,并且如上所述,在同正常果蝇交配时,产生 Lobe^2 眼和正常眼两种后代,为数各半。这些杂合的 Lobe^2 眼果蝇交配,得出纯粹的 Lobe^2 眼果蝇。纯种(纯合的 Lobe^2 眼)同杂合型相似,不过往往眼小一些,可能缺少一只眼或两只眼。

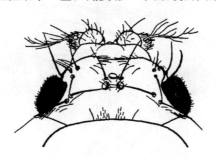

图 40 黑腹果蝇的突变性状 Lobe^2 眼。

眼小而突出

　　奇怪的是许多显性突变体在纯合的状态时是致命的。例如显性性状卷翅(图 41)在纯合状态时几乎总是死去。但偶尔有一只存活的。鼷鼠的黄毛突变体作为双重显性时,是致命的,鼷鼠的黑眼白毛突变基因也是如此。所有这种类型都不能育成纯粹的原种(除非用另一个致死基因同这个显性"平衡")。它们所产生的每一代个体,都是一半像它们自己,一半属于另一类型(正常等位基因)。

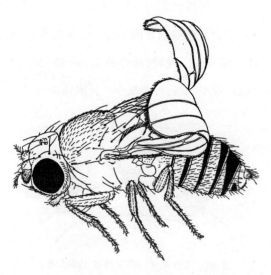

图 41　黑腹果蝇的突变性状:卷翅(翅的末端上卷)

人们的短指型是一种突出的显性性状，大家都知道它的遗传情况。不容怀疑，短指型作为一个显性突变体出现，并在某些家族里固定下去。

所有果蝇的原种都是作为突变体出现的。在我们列举的例子里，突变体初次出现时都是一个个体，但在其他例子里，也有几个新突变型同时出现。这种突变一定是在种系中很早便发生了，因而有几个卵子或几个精细胞带有这个突变了的要素。

有时，一对果蝇的子代里有四分之一为突变体。这些突变体都是隐性，而且根据证据，这种突变早已在某一祖先体内发生了，但因为是隐性，所以如果不是含有该突变基因的两个体会合，便不能显露出来。这样，它们的子代中预计应有四分之一表现隐性性状。

近亲繁殖纯种比远亲繁殖纯种更应该产生这种结果。如果是远亲繁殖，则在这样的两个个体偶然会合以前，这个隐性基因也许已经分布到很多个体当中去了。

人们有某些缺陷性状,其重现次数比根据突变独立发生所应有的多,很可能是人们的生殖质内隐藏着许多隐性基因。追查一下他们的家谱,往往发现他们有些亲戚或祖先,具有同样的突变性状。白化人也许是这类例子中最好的一个。许多白化人都是由含有这个隐性基因的两个纯种产生的,但新的白化基因也往往可能是由突变产生的。即使如此,除非与另一相同的基因会合,否则新基因仍然不能表现出来。

大多数驯化的动物和植物都有许多性状,同起源已经确定的突变性状一样地遗传下去。毫无疑问,这些性状,尤其是在从近亲繁殖而来的驯化类型中,有许多是由骤然的突变发生的。

我们不应该从上述例证断定:只有驯化品种才能产生突变体,因为事实并不是如此。我们有充分证据证明:在大自然中,也发生诸如此类的突变。但由于大多数突变体比野生型衰弱或者适应性更差,所以在被认出之前便消灭了。相反,在培养条件下,保护周密,弱型却有机会生存下来。其次,驯化生物,特别是供遗传研究的生物,经过了严密的检查,又是我们所熟悉的,所以能发现许多新型。

从果蝇原种中发生突变的研究,揭露了一件奇怪的意外事实。突变仅仅发生在一对基因中的一个基因里,而不是同时发生在两个基因里。究竟是什么环境的影响能够引起一个细胞内某一基因的变化,而不引起另一个相同基因的变化,这是难以想象的。因此,变化的原因,似乎是内在的,而不是外在的。关于这个问题,以后还会进一步讨论。

另一事实也由于研究突变作用而引起了注意。同一种突变可以一再发生。下表表示在果蝇中反复出现的突变。同一突变体一再出现,足见我们所看到的是一个特殊的井然有序的过程。突变重复出现一事使我们回忆到高尔登著名的多面体的比喻。多面体的每一个变化相当于基因的一个新的稳定位置(这里或者用在化学意义上)。

重现的突变和等位因子系

基因点	重现总数	鲜明的突变型	基因点	重现总数	鲜明的突变型
无翅	3	1	致死-a	2	1
无盾片	4±	1	致死-b	2	1
细眼	2	2	致死-c	2	1
弯翅	2	2	致死-o	4	1
二裂脉	3	1	叶状眼	6	3
双胸	3	2	菱眼	10	5
黑身	3+	1	栗色眼	4	2
短毛	6+	1	细翅	7	1
褐眼	2	2	缺翅	25±	3
宽翅	6	4	桃色眼	11+	5
辰砂眼色	4	3	紫眼	6	2
翅末膨大	2	2	缩小	2	2
缺横脉	2	1	粗糙状眼	2	2
曲翅	2	2	粗糙眼	2	2
截翅	16+	5+	红玉色眼	2	2
短肢	2	2	退化翅	14+	5+
短大体	2	1	暗褐体	3	2
三角形脉	2	2	猩红色眼	2	1
△状脉	2	1	楯片	4	1
二毛	3	3	乌贼色眼	4	1
微黑翅	6+	3	焦毛	5	3
黑檀体	10	5	星形眼	2	1
无眼	2	2	黄褐体	3	2

基因点	重现总数	鲜明的突变型	基因点	重现总数	鲜明的突变型
肥胖	2	2	四倍性	3	1
叉毛	9	4	三倍性	15±	1
翅缝	2	1	截翅	8±	5
沟形眼	2	2	朱眼	12±	2
合脉	2	2	痕迹翅	6	4
石榴石色眼	5	3	白眼	25±	11
单数-IV	35±	1	黄身	15±	2
胀大	2	1			

　　突变型中引用最多或者用作遗传学资料的,一般是相当激烈的改变或畸形。于是使人们感觉到突变和原型之间有着很大的距离。达尔文曾经谈到飞跃(一种激烈的突变),他认为躯体上一部分的巨大改变,很可能使机体对于已经适应了的环境不能调和,因此不承认它们是进化的材料。现在,我们一方面充分认识达尔文论点在导致畸形的那些激烈变化上的正确性,但另一方面,也认识到轻微变化,像巨大变化一样,也是突变的一种特征。事实上,已经多次证明:使一部分稍大或稍小的轻微变化,也可以起源于生殖质内的某些基因。既然只

有由基因而来的差异才能够遗传,那么,结论似乎是:进化一定要通过基因上的变化,才能进行。但是这不是说,这些进化性变化和我们所看到的由突变而来的变化是同一个东西。很可能野生型基因自有其不同的起源。事实上,人们默认这项观点,有时还热烈地主张过它。因此,要找出究竟有没有证据支持这一观点,是有重大意义的。在德弗里斯著名的突变论较早的陈述中,表面看来,似乎暗示新基因的创造。

突变论开宗明义即谓"机体的性质概由断然不同的单元所组成。这些单元结合成群,并且在同属异种中,相同的单元和单元群重复出现。在单元与单元之间,正像化学家的分子与分子之间一样,看不到动物和植物外形上所表现的那种过渡阶段"。

"物种之间并没有连续的联系,而是各自起源于突然的变化或阶级,每一个新单元加入原有单元中,由此构成一级,使新型成为一个独立种,从原物种分离开来。新物种是那里的一个突然变化。它的发生,看不出有什么准备,也没有过渡。"

从以上的提法看来,似乎是一个突变便会产生了一个新的初级物种,而这一突变又起源于一个新要素即新基因的突然出现或其创造。另一种说法:我们从突变中看到了一个新基因的诞生,至少看到了这个基因的活动。世界上活动的基因在数目上增加了一个。

德弗里斯在其《突变论》的最后几章和后来《物种与变种》的讲演中,进一步发表了他对于突变的见解。他承认有两种作用:一种为增加一个新基因,由此产生一个新物种;另一种为原有的一个基因失去活动。目前我们只注意第二种见解,因为措辞虽然不同,但实质上却是现在主张培养中的新型起源于一个基因的损失的那种见解。事实上,德弗里斯本人把普通看到的一切损失突变,不论是显性或隐性,一概纳入这一范畴,不过因为各该基因失去活动,所以一概默认为隐性。德弗里斯认为孟德尔式结果,因为有成对的相对基因——活动基因和其不活动的配偶,所以都属于第二范畴。每对的两个基因彼此分离,于是产生了孟德尔式遗传所特有的两种配子。

德弗里斯认为这样的作用代表进化中倒退一步。不是进步,而是退步,并且产生了一个"退化变种"。像我已经讲过的,这种解释,同今日主张突变起源于一个基因的损失一说,极为相近,原则上两种见解都是一样的。

因此,检查一下那些促成德弗里斯发展他的突变论的证据,是不无意义的。

德弗里斯在荷兰首都阿姆斯特丹附近某荒原中发现一簇拉马克待霄草(*Oenothera Lamarkiana*)(图42),其中有几株与普通型略有不同。德弗里斯把几株移植在自己的花圃里,发现它们大半能够产生自己类型的子代。德弗里斯又繁殖拉马克种亲型。每代都产生了少数的同样的新型。当时总共鉴别出了九种,都是崭新的突变型。

现在知道,在这些新型中有一型是由染色体加倍所致,是为巨型(图42)。有一型为三倍型,称为半巨型。另有几种是由于增加了一条额外染色体,称为 lata 型和 semi-lata 型。至少有一种 *brevistylis*,像果蝇的隐性突变一样属于基点突变。那么,德弗里斯所能援引的,一定是 *O. brevistylis* 和隐性突变型的剩余。[①] 现在看来,

---

① 德弗里斯和斯通普斯(Stomps)两人认为巨型待霄草的某些特征都起源于染色体数目以外的其他因素。

这种剩余(即隐性突变体)同果蝇的突变型大多是符合的,不过这种剩余几乎在每代中重现,这同果蝇及其他动植物中的突变情况完全不同。一个可能的解释是:有致死基因,同这些隐性突变基因密切连锁。只有当这些隐性基因通过交换作用脱离附近的致死基因时,才能使各该隐性得到表现的机会。在果蝇里,已经有可能造出含有隐性基因的平衡致死纯种,与待霄草极相似。只有当交换发生时,各该隐性始能重现,其重现频率决定于致死基因与隐性基因间的距离。

图 42　拉马克待霄草 *Oenothera Lamarkiana*(左侧)与
巨型待霄草 *O. gigas*(右侧)(仿 Castle, Davis 提供)

现在已经发现:野生待霄草的其他物种也表现出像拉马克待霄草一样的行为,由此可知,拉马克种遗传上的特性,与其杂种起源无关(像有时所推想的那样),而是大体上由于有隐性基因同致死基因连锁所致。突变型的出现,不代表产生突变基因的那种突变过程,而是代表各个基因脱离它的致死连锁①的解放过程。

因此,拉马克待霄草的突变过程,同我们熟悉的其他动植物过程,似乎没有本质上的区别。换句话说,除了拉马克待霄草的一些隐性突变基因由于同致死基因连锁,不能表现以外,没有丝毫根据把拉马克待霄草的突变过程,解释为同其他动植物的突变有什么本质上的区别。

根据以上的考虑,我认为即使当待霄草中出现一种新型或进步型时,也没有必要来假设一个新基因的增加。德弗里斯心目中的那种进步型,也许由于在正常染

---

① 沙尔(Shull)已经根据致死连锁假说解释拉马克待霄草中出现若干隐性型的现象。艾默生(S. H. Emorson)最近指出:沙尔所发表过的证据虽不完全有力,但却可能是合理的。德弗里斯本人在近来的著述中似乎并不反对采用致死假说来解释他要放在"中央染色体"里的某些屡次出现的隐性突变型。

色体以外另增加了一整条染色体。这一问题将在第 12
章讨论。目前只需要指出：认为新物种往往通过这种途
径而产生的这项主张，是很少根据的。

性别与基因
Sex and Genes

目前关于性别决定机制的知识，来自两个方面。细胞学者发现了某某染色体所起的作用，而遗传学家则进一步发现了基因作用的一些重要事实。

性别决定机制的两种主要类型，也已明了。最初看上去，两型似乎刚好相反，但所涉及的原则却是一样的。

目前关于性别决定机制的知识,来自两个方面。细胞学家发现了某某染色体所起的作用,而遗传学家则进一步发现了基因作用的一些重要事实。

性别决定机制的两种主要类型,也已明了。最初看上去,两型似乎刚好相反,但所涉及的原则却是一样的。

第一型可称为昆虫型,因为昆虫为这种性别决定机制提供了最好的细胞学证据和遗传学证据。第二型可称为鸟型,因为在鸟类里找到了这种机制的细胞学证据和遗传学证据。蛾类也属于这一型。

昆虫型(XX—XY)

昆虫型的雌虫有两条称为 X 染色体的性染色体。当卵子成熟时(即放出两个极体以后),染色体数目减少一半。于是每个成熟卵有一条 X 染色体,此外,还有一组普通染色体。雄虫只有一条 X 染色体(图 112)。在一些物种里,X 染色体孤立无偶;但在另一些物种里,X 染色体却有一条被称为 Y 染色体的作为配偶(图 113)。在一次成熟分裂中,X 和 Y 各趋入相反的一极(图 113)。一个子细胞得这条 X,另一个则得 Y。在另一次成熟分裂时,染色体各自分裂为子染色体。结果得到四个细胞,四个细胞以后变成了精子:其中两个各有一条 X 染色体;另两个各有一条 Y 染色体。

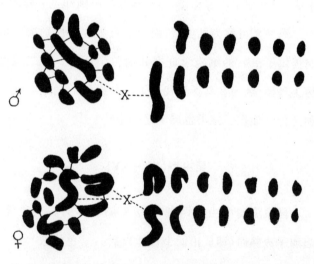

图 112　　雌性和雄性的 *Protenor* 的染色体群。雄虫有一条 X 染色体,但缺乏 Y 染色体;雌虫有两条 X 染色体(仿 Wilson)

任何卵子同 X 精子受精(图 114)即成雌性,有两条 X 染色体。任何卵子同 Y 精子受精,即成雄性。两种受

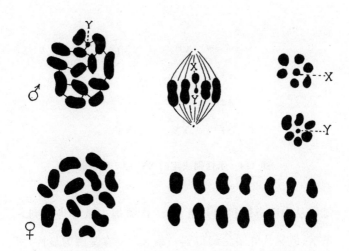

图 113 长蝽(*Lygaeus*)的雌型和雄型染色体群。雄虫有 X 和 Y;

雌虫有两条 X 染色体(仿 Wilson)

精的机会相等,预期一半子代为雌性,一半为雄性。

有了这样的机制,便可以说明某些遗传中表面看去似乎不符合孟德尔式 3:1 的比例,但是经过严密检查,却看到了这种表面上的例外情况证实了孟德尔第一定律。例如,白眼雌果蝇同红眼雄果蝇交配时,其子代红眼蝇是雌性,白眼是雄性(图 115)。如果 X 染色体上带有红眼和白眼分化基因,则以上的解释便明白了。子代

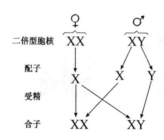

图114　示性别决定的 XX—XY 型机制

雄蝇从白眼母蝇得到一条 X；子代雌蝇也从母蝇得到一条 X，但又从红眼父蝇得到一条 X。父方基因为显性，所以子代雌蝇都有红眼。

　　如果用子代雌蝇同子代雄蝇交配，孙代会出现白眼的雌蝇雄蝇和红眼雌蝇雄蝇，互成 1∶1∶1∶1 之比。这个比例是由 X 染色体的分布得来，如图115 中行所示的。

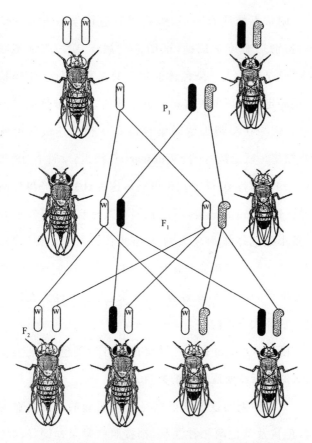

图 115　果蝇白眼性状的遗传。白棒代表有白眼基因(w)的
X 染色体,黑棒代表"白眼基因"的等位基因即"红眼基因"
的 X 染色体,Y 染色体上着细点

附带不妨注意一下,细胞学和遗传学两方面的证据,特别是遗传学证据,证明人类属于XX—XO型或XX—XY型。人类染色体的数目只是到最近才相当精密地确定了。以前观察到的较小数值,已经被证明是错误的,因为在浸裂细胞时染色体有互相粘连成群的倾向,据德·威尼沃特(de Winiwarter)报道:女性有48条($n=24$),男性有47条(图116a),这种计算已经得到佩因特(Painter)的证实,不过佩因特最近证明:男性还有一条小染色体作为较大的X染色体的配偶(图117)。佩因特认为这两条染色体便是一对XY。这项观察如果正确的话,那么,男女各有48条染色体,不过男性的一对染色体大小不同。

随后,Oguma在男性里没有找到Y染色体,证实了德·威尼沃特所观察到的数目。

人类性别的遗传学证据是十分明确的。例如血友病,色盲及其他两三种性状,都按照白眼果蝇同样的传递方法,遗传到后代。

以下各群动物属于XX—XY型或其XX—XO变型,O表示缺少Y,据报道,除人类外,尚有其他哺乳动物也具

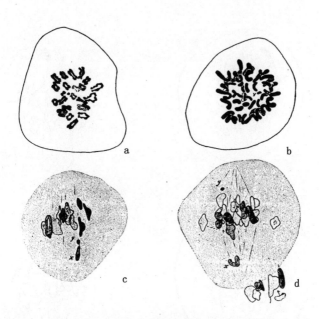

图 116　a. 德·威尼沃特所描画的减数分裂后的人类染色体群；

b. 佩因特所描画的人类染色体群；c 和 d. 根据佩因特的描画，

示 X 染色体同 Y 染色体彼此分离的侧面观

备这种机制：如马和负鼠,可能包括豚鼠在内。两栖类也多半属于这一类型,硬骨鱼也是一样。大多数昆虫属于此类;鳞翅目(蛾、蝶)是例外。膜翅类的性别另有一套决定机制(见下文),线虫和海胆也属于 XX—XO 型。

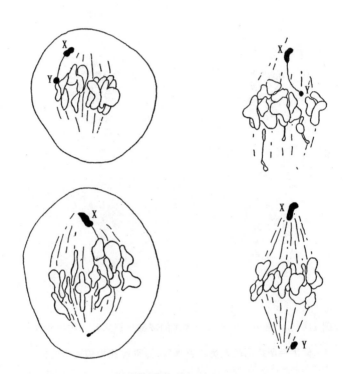

图 117   人类生殖细胞的成熟分裂,示 X 染色体与

Y 染色体在分离中(仿 Painter)

鸟型(WZ—ZZ)

图 118 示另一种性别决定机制——鸟型。雄鸟有两

条相同的性染色体,后者可称为 ZZ。这两条染色体在一次成熟分裂中彼此分离,于是每一个成熟的精子有一条 Z。雌鸟有一条 Z 染色体和一条 W 染色体。卵子成熟时,每个卵子只能得到一条。所以半数的卵子有一条 Z,半数的卵子有一条 W。任何 W 卵子同 Z 精子受精,即成雌鸟(WZ);任何 Z 卵子同 Z 精子受精,即成雄鸟(ZZ)。

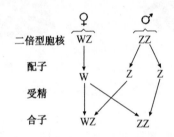

图 118 示 WZ—ZZ 型的性决定机制

这里,我们又找到一种机制可以自动地产生同样数目的雌雄两种个体。同前例一样,从受精时所发生的染色体组合中,产生了 1:1 的性别比率。在鸟类里,这种机制的证据来自细胞学和遗传学两个方面,不过细胞学证据还不完全满意。

根据史蒂文斯(Stevens)的研究,雄鸡似乎有两条同样大的长染色体(图 119),假定是 XX;母鸡只有一条长染色体。希瓦戈(Shiwago)和汉斯(Hance)证实了这种关系。

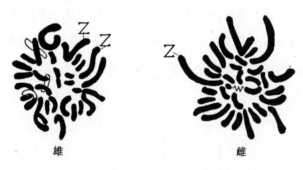

雄   雌

图 119 公鸡和母鸡的染色体群(仿 Shiwago)

鸟类的遗传学证据是毫无疑问的。这些证据来自性连锁遗传。如果用黑色狼山型①雄鸡同花纹 *Plymouth Rock* 母鸡交尾,子代的雄鸡都有花纹,母鸡尽是黑色(图 120)。假若 Z 染色体上含有分化基因,则上述结果是意料得到的,因为子代母鸡的一条 Z 染色体是从父方来的。如果把子代母鸡和雄鸡互相交尾,会得出花纹和黑色的母鸡和雄鸡共四种,其比例为 1:1:1:1。

---

① 鸡的一个品系。——编辑注

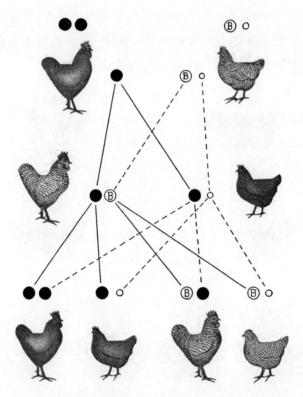

图 120　示黑鸡(●)同花纹鸡Ⓑ的杂交,说明其性连锁遗传

　　在蛾类也发现了同样的机制,不过它的细胞学证据比较明确。*Abraxas* 蛾的深色野生型雌蛾同浅色突变型雄蛾交配,子代的雌蛾色浅像父方一样;雄蛾色深像

母方一样(图 121)。雌蛾的一条 Z 从父方得来,雄蛾从父方得一条 Z,从母方得到另一条 Z。母方的 Z 上有深色基因,属于显性,所以产生了子代雄蛾的深色。

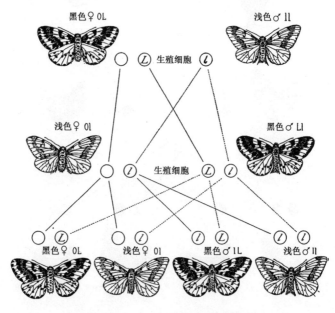

图 121 _Abraxas_ 尺蠖蛾的性连锁遗传

田中义麿[①]发现蚕的透明皮肤是一种性连锁性状,好像是借 Z 染色体遗传到下代。

---

① Tanaka Yoshimaro(1884—1942),日本遗传学家。——编辑注

Fumea casta 雌蛾有 61 条染色体,雄蛾有 62 条。卵母细胞的染色体结合以后有 31 条(图 122a)。在第一次分出极体时,30 条染色体(二价染色体)各自分裂,然后分别进入两极。第 31 号染色体不分裂,向任一极进行(图 122[①]b 和 b′)。结果,半数的卵子会有 31 条,另一半卵子则有 30 条。第二极体分出时,所有染色体分裂,所以各个卵子的染色体数目仍和其分裂前的数目相同(即 31 条或 30 条)。精子成熟时,染色体两两接合成 31 条二价染色体。在第一次分裂时二价染色体分成 2 条;在第二次分裂时所有染色体分裂,每个精子有 31 条染色体。卵子受精,得出下述各种组合:

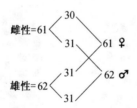

塞勒(Seiler)发现 *Talaeporia tubulosa* 的雌蛾有 59 条染色体,雄蛾有 60 条。*Solenobia pineta* 的雌蛾和

---

① 原文中为"图 119,b 和 b′",译文中修正为"图 122,b 和 b′"。——译者注

雄蛾以及其他几种蛾类都看不到不成对的染色体。另一方面，*Phragmatobia fuliginosa* 却有一条复染色体，其中包括性染色体。雄蛾有两条这样的染色体，雌蛾只有一条。这种关系在 W 要素和 Z 要素不是分开的染色体的其他蛾类里，也似乎不是不可能存在的。

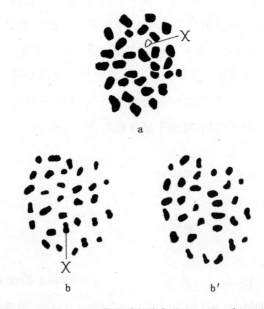

图 122　a. *Fumea casta* 卵子减数染色体群；b 和 b′卵子第一次成熟分裂时，外极和内极的染色体群；只有一极有一条 X 染色体(仿 Seiler)

费德雷(Federley)用 *Pygaera anachoreta* 和 *P. curtula* 两种蛾杂交,也证实了蛾类的性连锁遗传。这个例子是有趣的,因为在每一物种内,雌雄幼虫互相类似。但不同物种的幼虫则表现出了种间的差异。这种在同种内没有二型的种间差异,却成为子代幼虫里性二型的根据(当杂交循"一个方向"进行时),因为,正如结果所表示的,两种幼虫之间的主要的遗传区别,是在 Z 染色体上面。如果 *anachoreta* 为母方而 *curtula* 为父方,则杂种雄幼虫在第一次蜕变后,便会显然不同。杂种雄虫同母族(*anachoreta*)极相类似,而杂种雌幼虫则同父族(*curtula*)相类似。

如果用 *anachoreta* 为父方,*curtula* 为母方,其子代杂种都完全相似。这些结果可用下述假设来解释,即 *anachoreta* Z 染色体上有一个(或多个)基因,对于 *curtula* Z 染色体上的一个(或多个)基因,呈显性作用。这个例子之所以特别有趣,是因为在这里,一个物种的基因,对于另一物种同一染色体上的等位基因,呈显性作用。这项分析,也同样适用于子代雄蛾回交任一亲型所产生的孙代中,只要考虑到后代的三倍性(参考第 9 章)。

我们没有理由来假设 XX—XY 型的性染色体同 WZ—ZZ 型的性染色体,是一样的东西。反之,我们也难于想象一个类型如何能直接变成另一个类型。不过另一个假设在理论上是没有困难的,就是尽管两个类型所牵涉的具体基因是相同的或几乎相同的,与决定雌雄有关的某种平衡中的变化,仍然可以在两个类型里独立发生。

雌雄异株显花植物中的性染色体

1923 年的惊人事件之一,是四位独立的研究者同时发表了在雌雄异株的若干植物中存在着 XX—XY 型的机制。桑托斯(Santos)在 *Elodea* 雄株的体细胞里发现了 48 条染色体(图 123),其中有 23 对常染色体和一对大小不同的 XY。X 和 Y 在成熟时分开。结果得两种花粒,一种有 X,一种有 Y。

另有两位细胞学家木原均和小野知夫,在酸模属 *Rumex* 雄株的体细胞内,发现了 15 条染色体,由 6 对常染色体和 3 条异染色体(m_1、m_2 和 M)组成。当生殖细

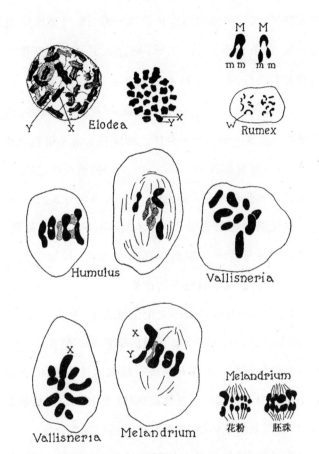

图 123　几种雌雄异株植物成熟分裂时的染色体群: *Rumex* ,
酸模属;*Humulus* ,葎草属; *Vallisneria* ,苦草属; *Melandrium* ,
娄菜属(仿 Bělař)

胞成熟时,这三条异染色体集合成一群(图 123)。M 进入一极,两条较小的 m_1 和 m_2 则进入另一极。结果得出两种花粉粒,$6a+M$ 和 $6a+m_1+m_2$。后者决定雄性。

温厄(Winge)在 *Humulus lupulens* 和 *H. japonica* 两种植物中发现一对 XY 染色体。雄株有 9 对常染色体和一对 XY。在苦草(*Vallisneria spiralis*)的雄株里,温厄也发现了一条不成对的 X 染色体,其公式为 $8a+X$。

科伦斯根据繁育工作,断定 *Melandrium*(娄菜属)的雄株有异形配子。根据 Winge 的报道,雄性公式为 $22a+X+Y$,证实了科伦斯的推论。

布莱克本(Blackburn)女士也发表了,在 *Melandrium* 的雄株里,有一对长短不同的染色体。她添上了一个更重要的证据。雌株有两条同样大的性染色体,其中有一条相当于雄株的一条性染色体(图 123)。在成熟分裂时,这两条染色体彼此结合,然后进行减数分裂。

我认为,我们可以有把握地从以上证据做出结论,即至少有若干雌雄异株的显花植物,在性别决定上,采用了许多动物所有的同一机制。

藓类的性别决定

在上述显花植物性染色体被发现的几年以前，两位马查尔斯（Marchals）证明：在雌雄异体的藓类植物里（配子体分雌雄两种[①]），由同一孢子母细胞所产生的四粒孢子中，有两粒发育成雌配子体，另两粒发育成雄配子体。

稍后，艾伦（Allen）在亲缘关系相近的苔类植物里（图124）发现了单倍体的雌原叶体（配子体）有八条染色体，其中最长的一条为 X；单倍体的雄原叶体（配子体）也有八条染色体，其中最短的一条为 Y（图124b′）。这样，每个卵子有一条 X，每条精子也有一条 Y。由受精卵发育而成的孢子体，有16体染色体（包括 X 和 Y 各一

[①] 苔藓和蕨类的单倍体世代（或称配子体世代）分为雌雄两种，其二倍体（或称孢子体）世代无雌雄之别，或者说是中性。显花植物本身相当于藓类的孢子体。其配子体世代好像是深藏在雌蕊和雄蕊里面。所以雌雄二词，用于藓类方面，则指单倍体世代而言，用于显花植物方面则指二倍体世代而言。两者的意义互相矛盾。但是这个矛盾不是二倍体和单倍体问题（因为甚至在某些动物如蜜蜂、轮虫等的同一世代里，也碰到这个矛盾），而是有性世代和无性世代同用了雌雄这两个词。不过，有了这样的理解，以后采用这种习惯用法就不会发生严重困难了。

条)。减数分裂发生在孢子形成的过程里，X 和 Y 分开。半数的单倍型孢子各有一条 X，以后发育成雌原叶体，另一半各有一条 Y，以后发育成雄原叶体。

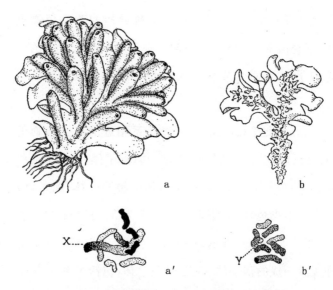

图 124　a.苔类的雌原叶体；b.雄原叶体，a′.雌性有一条大的 X 染色体；b′.雄性有一条小的 Y 染色体(仿 Allen)

最近,韦斯特泰因(Wettstein)用雌雄异株的藓类植物进行若干精密实验,作出了进一步的分析。他袭用马查尔斯所发现的一种方法,造成了具备雌雄两群染色体的配子体(图 125 左侧)。例如,他仿照马查尔斯的方法,截取一段载有孢子的柄部(细胞为二倍型)。由该段发育而成的配子体也是二倍体。这样获得了雌雄兼备(FM)^①的配子体。

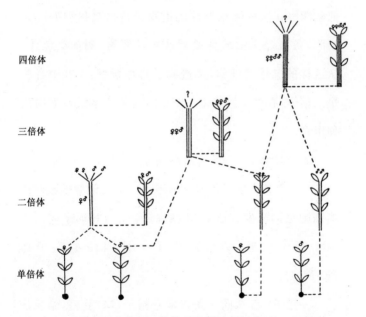

图 125　示藓类二倍体和三倍体的各种不同组合(仿 Wettstein)

---

① 　F 代表雌性,M 代表雄性。——译者注

韦斯特泰因用另一种方法造成二倍体的雌藓和雄藓,成为双重雌性(FF)或双重雄性(MM)。方法如下:韦斯特泰因用水合氯醛和其他药剂处理原丝体,使一个个别细胞的胞质,在染色体分裂以后,受到抑制。这样,他就能够在这些雌雄异株的植物里造出二倍型的巨大细胞,各有二重的雌性要素或雄性要素,例如染色体。从这样的二倍型细胞,又造成了几种新组合:其中有些是三倍体,有些是四倍体。图 125 右侧表示最有趣的几种组合。

雌原丝体的一个二倍型细胞发育成二倍体植株(FF),后者又产生二倍型卵细胞。一个二倍型雄原丝体的细胞也同样发育成 MM 植株。一个 FF 卵子同一条 MM 精子相遇,结果产生了一株四倍型孢子体(FFMM)。

一个 FF 胚珠同一条正常雄精子(M)受精,结果产生了三倍型植株(FFM),如下表:

从 FFM 或 FFMM 的孢子体又能够再生出配子体。这些配子体都能够发生雌雄两种要素,也都能够产生卵子和精细胞;不过雌性器官(颈卵器)和雄性器官(精子器)的多少及其出现的迟早,则表现出特殊的差别。

上面谈到两位马查尔斯,在韦斯特泰因所用的同一物种里,得到了二倍型的 FM 配子体,并且证明了该配子体产生雌雄两性的器官。韦斯特泰因证实了这个事实,并且报道雄性器官发生在雌性器官之前。

比较一下 FM、FFM、FFMM 三型,是有意义的。FM 植物的雄性器官成熟极早。开始时精子器比颈卵器多多了。颈卵器发生较晚。

像韦斯特泰因所说的,FFMM 植物雄性器官的早熟性,比 FM 型植物的要强两倍。开始时只出现精子器。在这一年很晚的时候,衰老的精子器已经凋落,这时才有少数颈卵器出现;有一些植株根本不发生颈卵器。更晚一些,雌性器官才开始发育旺盛。

三倍型植物中,雌性器官首先成熟。至少是当四倍体只有雄性器官的时候(七月间),三倍体还只有雌性器官,以后(九月间)才具备雌雄两种器官。

　　有趣的是：这些实验表示了原来是雌雄异体的植物，经过雌雄两种要素的联合，可以成为人工的雌雄同体的植物。这些结果也表示了性器官发生的先后，决定于植物的年龄。更重要的是，两种性器官发生时间上的关系，由于遗传组合循相反方向改变而颠倒起来。

总　结

General Conclusions

　　以前各章讨论到两个主题：随着染色体数目改变而来的效应和随着染色体内部改变（基因突变）而来的效应。基因论虽然偏重基因本身，但也广泛地包括上述两种变化。习惯上，突变这个词也已经用来包括两种方法所产生的效应了。

　　我们仍然很难放弃这个可爱的假设：就是基因之所以稳定，是因为它代表着一个有机的化学实体。这是现在人们能够作出的最简单的假设，并且，这项见解既然符合于有关基因稳定性的已知事实，那么，至少它不失为一个良好的试用假说。

此前各章讨论了两个主题:随着染色体数目改变而来的效应和随着染色体内部改变(基因突变)而来的效应。基因论虽然偏重基因本身,但也广泛地包括上述两种变化。习惯上,突变这个词也已经用来包括上述两种方法所产生的效应了。

这两种变化,同当前的遗传学理论,有着重大的关系。

由于染色体数目上的改变以及由于基因内的改变而产生的效应

当染色体数目增加两倍、三倍或任何倍数时,个体所有的各种基因依然如旧,而且各种基因之间依然维持着同样的数字比例。如果没有胞质体积可能不随基因数目增加而扩大的话,那么这种基因数目上的改变是没有影响个体性状的希望的。胞质不能相应地增大的真正意义,目前还不明了。总之,实验结果表明三倍体、四倍体、八倍体等,在任何性状(除体积外)上,同原来的二倍体类型并没有明显的差异。换句话说,所产生的改变也许很多,但同原来的变化比较,却没有显著的区别。

另一方面,如果原来的一群染色体里增加了一两条同对的染色体,或者增加了两条以上的异对的染色体,或者减少了一整条的染色体,那么,就可以预期这些变化含在个体身上产生比较明显的效应。有一些证据指明,在原来染色体很多,或者发生变化的,是一条小染色体的情况下,这一种增减是不会激烈的。从基因观点说来,这种结果是预料得到的。例如,增加一条染色体,便意味着有很多基因加到三倍。从某类基因比以前增加的意义来看,基因间的平衡是改变了的,但是由于没有增加新的基因,预料这种变化的效应会表现在许多性状上面,表现在强度有所提高或减低的许多性状上面,有的提高了强度,有的减弱了强度。这是符合于现在所知道的一切事实的。但是,值得注意的是,就现在我们所知道的看来,一般的结果都是有害无利的。如果像根据正常个体的长期进化历史所预测到的,正常个体对于内在关系和外在关系的适应,是尽可能完善的。那么,这一点倒也是在意料中的。

这样的变化轻微地影响着许多部分,但不能由此得出结论，以为这种效应比较单个基因变化所引起的变化，更容易导致建立一个存活的新型。

另外，两条同类染色体的增加虽有可能产生一个稳定的新遗传型，但是甚至这也无济于事，因为就我们现在已经知道的来说（目前还缺少证明），这里的适应反而比以前更加恶化了。由于这些理由，要用这种方法把一个染色体群变化成另一个染色体群，虽然不是绝不可能，也似乎不是容易做到的。目前我们需要更多的证据来解决这个问题。

一群染色体里有时增加或减少了一染色体上的某些部分。在这种情况下，上面的理论也同样适用，虽然也许更无力一些。这种变化的影响，同前例性质是一样的，不过程度上比较小些，因而更难于决定它们对于生活力的最后影响究竟是有害或者有利。

近几年来，遗传学研究已经阐明了亲缘关系相近的各物种之间，甚至在整个一科或一目之内，虽然有着同样数目的染色体，但也不能因此冒昧假定，甚至在亲缘关系相近的物种之间，染色体上的基因一定是相同的。遗传学证据正在开始阐明，通过染色体内或群基因位置上的颠倒，以及通过不同染色体之间或成段基因的易位，染色体都可以重新改组，而体积上没有显明的差异。甚至整条染色体之间，也可以各式各样重新组合，而不改变原来的数目。这类改变势必深刻地影响连锁关系，从而深刻地影响各种性状的遗传方式，但基因的种类和总数却没有改变。因此，除非细胞学观察得到遗传学研究上的证实，否则把染色体数目相同，看成是基因群也完全相同，这项假设总是不妥当的。

染色体的数目可以借两个方法改变：第一，两条染色体联合成一体，例如附着 X 染色体；其次，染色体断裂成片，像汉斯所报道的待霄草以及其他几个例子。塞勒所描述的蛾类某些染色体暂时的离合，特别是他所假定的，分离后的要素有时可以重新结合，也属于这一类。

骤然看去，同大量基因所产生的影响相比，由一个基因内的一个变化所产生的影响，显得更为激烈。但是这个最初的印象也许是很错误的。遗传学者所研究的许多最显著的突变性状，和同对的正常性状相比，固然有着显著的差异，但是这些突变性状之所以屡被选为研究的资料，也正因为它们与典型性状判然不同，从而能在以后世代间容易分辨出来。它们的鉴别是准确的,并且同细微差异,或互相掩叠的同对性状相比,结果也比较可靠。改变愈怪愈烈,有时甚至达到"畸形"的程度,则引起人们注意和兴趣的机会也就最大,所以就被人们利用来研究遗传,而不显明的改变,则被人们忽视或放弃了。遗传学者都熟悉下列事实:即对于任何一群的特殊性状,研究愈深入,则开始时被忽视的突变性状,也被发现愈多,这些性状既然同正常型性状极相近似,所以突变过程既涉及很大的改变,又同样涉及很小的改变,也就愈来愈明白了。

以前的文献中把激烈的畸形称为"怪异"(突变 = sport),很久以来,人们以为这种怪异同所有物种中经常存在的细微差异或个体差异,即普通所说的变异,可以鲜明地区分开来。现在我们知道,这种鲜明的对比是不存在的,怪异和变异可以有同样的起源,并且按照同样的规律遗传。

许多细微的个体差异,确实是由发育时的环境条件所引起的,而且肤浅的观察往往不能把它们同遗传因子所引起的细微变化区分开来。现代遗传学最重要的成就之一，就是承认这一事实，并且创制出一些方法来指明细微差异究竟起源于哪一种因素。如果像达尔文所假定的那样，像现在一般所承认的那样，进化过程是借细微变异积累的缓慢过程而进行的，那么，受到利用的，一定是遗传上的变异，因为能够遗传的只是这些变异，而不是起源于环境影响的那些变异。

但是不应该根据上面所谈的，设想躯体上某个特定部分的突变，仅仅产生一个显著的改变，或者一个细微的改变。相反，从研究果蝇所得到的证据，同精密研究其他一切生物所得到的证据一样，证明了：甚至在一个部分改变最大的情形下，躯体上几个部分或者所有部分，也常常出现其他种种效应。如果我们根据这些突变体的活动、孕育性和生命长短来判断，那么，这些副作用不仅涉及结构上的改变，而且涉及了生理效应。例如果蝇总是飞向光源，但当一般体色发生细微改变时，向光性也便跟着消失了。

相反关系也一定存在。一个影响生理过程和生理活动的突变基因，其细微的改变可以常常带有外部结构性状上的改变。如果这些生理变化能够使机体更好地适应它的环境，这些变化便有继续存在的希望，有时也有促成某些新型生存的希望。在恒定而细微的表面性状上，新型可以同原型有所区别。既然许多物种间的差异，似乎都属于这一类，所以我们可以合理地认为：它们的恒定性的原因，不在于它们本身的生存价值，而在于它们同其他内部性状的关系，这些内部性状对于这一物种的安全，是重要的。

根据上面所谈的种种，我们能够合理地解释整条染色体（或某条的一个部分）所引起的突变同单个基因所引起的突变两者间的差异。前一种变化并没有增加一点本质上新的东西。它仅仅涉及或多或少的已经存在的东西，而且效应的程度虽然微弱，但却影响了大量的性状。后一种变化——单个基因内的突变——也可以产生广泛而细微的效应，不过除此以外，躯体的某一部分改变较大，同时，另一部分改变较小，这种情形也往往有之。像我已经说过的，后一种变化，为遗传学研究提供了有利的材料，这些变化已经广泛地被利用了。正是这些突变，现在占据了遗传学刊物的最前页，而且引起了一般错觉，以为每一个这样的突变性状只是一个基因的效应,由此又引申到另一个更严重的谬论——认为每个单位性状在生殖物质内,有一个单独的代表。相反,胚胎学研究却证明了:躯体上的每一个器官,乃是一个最后的结果,是一个长串过程的顶点。一个变化如果影响了过程中的任何一个阶段,它也往往会影响最后的结果。我们所看到的,正是这个显著的最后效应,而不是发生影响的那一点。如果,像我们可以容易假定的,一个器官的发育涉及很多步骤,而且如果其中每一步骤都受到许多基因作用的影响,那么,不论那个器官是多么细小或者微不足道,在种质里是没有它的单个的代表的。

举一个极端的例子来说,假设所有基因对于躯体上每一个器官的发生都有影响,这也只是说:它们都产生了正常发育过程所必需的化学物质。这样,如果一个基因发生变化,因而产生了与前不同的物质,则最后结果也可以受到影响,如果这变化对于某个器官影响特别巨大,那么,这个基因便似乎单独产生了这种效应。在严格的因果意义上,这是对的,但是这种效应,只是在同其他一切基因的联合作用下,才产生出来的。换句话说,所有基因依然同以前一样,对于最后结果都做出了贡献,仅仅由于其中一个基因的差异,于是最后结果也便有了差异。

在这个意义上,每个基因对于一个特定的器官,可以发生特定的效应,但是这个基因绝不是那个器官的唯一代表,它对别的器官,甚或对于躯体上所有的器官或性状,也有同样特定的效应。

现在回到我们的比较上来。一个基因(如果是隐性,自然就涉及一对相同基因)内的变化,比起基因数目两三倍的增加,更容易破坏全体基因间的固有关系,所以前者屡屡产生更局限的效应。引申一下,这项论点似乎意味着,每个基因对于发育过程各有一个特定的效应,这同上面主张全部或许多基因联合活动来产生确定而复杂的最后产物这个见解,并不矛盾。

目前拥护各个基因特定效应的最好论证,是许多个多等位基因的存在。同一个基因点内的一些变化,主要影响了同一种的最后结果,这种最后结果不只限于一个器官之内,而且也包括了所有受到明显影响的一切部分。

突变过程是否起源于基因的退化？

德弗里斯在他的突变理论中，谈到我们现在所称为突变隐性型的那些类型，认为是起源于一些基因的缺失或僵化。他把这样的变化看成是退化。当时或者稍后一段时期，主张隐性性状起源于生殖物质内一些基因的损失的观念已经是风行一时了。目前有几位原来醉心于进化的哲学讨论的批评家，对于遗传学者所研究的突变型同传统的进化理论有关系的观念，进行了猛烈的抨击。对于后一主张，我们姑且不谈，可以把这一争论留待将来解决。至于说单个基因上所发生的突变过程只限于基因的损失或部分损失，或者退化（我冒昧地这样称呼这种变化），这项主张却是理论上颇为重要的一个问题；因为正如贝特森在其 1914 年演说中所精密阐明的，从这项主张自然地引到另一观念：就是我们在研究遗传中所用的材料起源于一些基因的损失；这些缺失实际上就是野生型基因的等位性；而且只就这项证据在进化方面的应用说来，这会引到一个谬论，那就是，这个过程是对于原有的基因库藏中的一种消耗。

现有的有关这个问题的遗传学证据,已经在第6章中讨论过了,无重复叙述的必要,不过容许我重复一下:如果根据许多突变性状都是缺陷甚至是部分的或完全的损失这一事实,便断定它们一定是起源于生殖质内有关基因的缺失,这是没有理由的。缺失假说的武断姑且不谈,仅就有关这项问题的直接证据来说,像我已经企图证明过的,都是不支持这样的观点的。

但是还剩下一个颇为有趣的问题,就是那些引起了突变性状(不论是隐性、中间型或显性都是一样)的基因上的一些变化或许多变化,是否由于一个基因的分裂,或者由于它改造成另一种要素,从而产生略不相同的效应呢?除非先验上认为一个高度复杂的化合物的破坏,比它的组成更为可能,否则没有理由来假定:这样的变化——如果发生了的话——是一个走下坡路的变化,而不是另一个比较复杂的基因的生成。在我们更多地知道基因的化学组成以前,要论证两方面论点的是非曲直,是十分徒劳无功的。对遗传理论说来,只需要假定任何的变化都可以成为所看到的事实的基础即可。

　　要在目前讨论新基因究竟是在旧基因以外独立发生，也是同样无用的，如果还要讨论基因究竟如何独立发生，那就更糟糕了。我们现有的证据，并未提出任何根据来支持新基因独立发生的见解，不过要证明它们没有发生，虽然不是绝不可能，也应该是极端困难的。对古人说来，河泥化蟮，腐草化萤，并不是毫不可信的。仅仅一百年以前，人们还相信细菌是从腐物中发生出来的，而且，要证明没有这回事，反而感到非常困难。现在要向坚持基因独立发生这项信念的人们确切证明基因不能独立发生，也许是同等困难的，不过在碰到非做这种假设不可的情况以前，遗传理论在这个问题上是不必过分考虑的。现在我们看不出在连锁群内或在它的两端有插入新基因的必要。如果白细胞同构成哺乳动物的所有其他身体细胞一样，都具备同样数目的基因；如果前者只构成一个变形虫般的细胞，而后者则集合成人体细胞；那么，要假设变形虫的基因较少而人体细胞的基因较多，也就没有必要了。

基因是否属于有机分子一级?

在讨论基因是否属于有机分子的问题中。牵涉到它们的稳定性的性质。我们所谓的稳定性,可能只指基因围绕一定的众数而变化的倾向,也可能指基因像有机分子稳定的那种稳定。如果后一个解释能够成立,那么,遗传问题便会简化多了。另一方面,如果我们认为基因只是一定数量的物质,那么,我们便不能圆满地解答为什么基因历经异型杂交中的变化而依然如此恒定,除非我们求助于基因以外另一种保证它们恒定的神秘的组织力量。这个问题目前还没有解决的希望。几年以前,我曾经企图计算基因的大小,希望从这里可以给这个问题一线光明,可是现在我还缺乏十足精确的测量,以致这样的计算充其量也不过是臆想而已。测算似乎表明基因的大小大约和大型有机分子接近。如果这种结果有一点价值的话,也许这就指明了,基因并不太大,以致不能当成一个化学分子。我们的推论只能到此为止。基因甚至可能不是一个分子,而是一群非化学性结合的有机物质。

　　虽然如此，我们仍然很难放弃这个可爱的假设：就是基因之所以稳定，是因为它代表着一个有机的化学实体。这是现在人们能够做出的最简单的假设，并且，这个见解既然符合于有关基因稳定性的已知事实，那么，至少它不失为一个良好的试用假说。

下 篇

学习资源
Learning Resources

扩展阅读

数字课程

思考题

阅读笔记

扩展阅读

书　名：基因论（全译本）

作　者：[美]摩尔根　著

译　者：卢惠霖　译

出版社：北京大学出版社

全译本目录

数字课程

请扫描"科学元典"微信公众号二维码，收听音频。

思考题

1. 《基因论》的主要内容有哪些？

2. 果蝇伴性遗传的发现对摩尔根遗传学研究起到什么作用？

3. 经典遗传学是怎样发展成为分子遗传学的？

4. 摩尔根是如何解读孟德尔定律的？

5. 从孟德尔定律引出遗传单元概念再推演出遗传粒子理论的思路是什么？

6. 如何用染色体理论解释遗传机制？

7. 染色体与基因之间是什么关系?

8. 突变是如何产生的?

9. 性别与基因的关系是什么?

10. 突变与基因退化之间有什么关系吗?

阅读笔记

_____

_____

_____

_____

_____

_____

_____

_____

_____

_____

_____

科学元典丛书

已出书目